U0872510

Linux网络操作系统

主　编　卢玉清　郭　辉　廖子泉

副主编　卢　怡　黎佳欣　杨　樱

参　编　李德涌　刘俞辛　梁振奇

机械工业出版社

本书部分内容对接全国职业院校技能大赛中职网络建设与运维赛项的知识和技能要求。本书分为系统安装与网络配置、系统管理和常用网络服务，共 3 部分 11 个任务，包括安装配置 Linux 操作系统、配置 Linux 系统的网络、配置与管理用户和组群、配置与管理文件系统、配置与管理基本磁盘、配置与管理 Samba 服务器、配置与管理 DHCP 服务器、配置与管理 DNS 服务器、配置与管理 Apache 服务器、配置与管理 FTP 服务器和配置与管理电子邮件服务器。

本书可以作为中等职业学校计算机网络技术专业的教材，也可作为全国职业院校技能大赛相关赛项的参考用书，还可以作为广大 Linux 爱好者的自学参考书。

本书配有电子课件和习题答案，教师可登录机械工业出版社教育服务网（www.cmpedu.com）免费注册后进行下载或联系编辑（010-88379194）咨询。

图书在版编目（CIP）数据

Linux网络操作系统/卢玉清，郭辉，廖子泉主编．—北京：机械工业出版社，2024.2
ISBN 978-7-111-75077-2

Ⅰ．①L… Ⅱ．①卢… ②郭… ③廖… Ⅲ．①Linux操作系统—职业教育—教材 Ⅳ．①TP316.85

中国国家版本馆CIP数据核字（2024）第035865号

机械工业出版社（北京市百万庄大街22号 邮政编码100037）
策划编辑：李绍坤 责任编辑：李绍坤
责任校对：郑 婕 张昕妍 封面设计：马精明
责任印制：刘 媛
涿州市般润文化传播有限公司印刷
2024 年 3 月第 1 版第 1 次印刷
210mm×285mm・12.5 印张・255 千字
标准书号：ISBN 978-7-111-75077-2
定价：45.00元

电话服务 网络服务
客服电话：010-88361066 机 工 官 网：www.cmpbook.com
010-88379833 机 工 官 博：weibo.com/cmp1952
010-68326294 金 书 网：www.golden-book.com
 机工教育服务网：www.cmpedu.com

前 言

“Linux网络操作系统”是计算机网络技术专业的必修课程，是集中教学与实践的课程。本书根据网络管理员和Linux运维工程师等岗位职责来选取内容，包括操作系统的基本管理命令和网络服务器的安装与配置。本书有机融入全国职业院校技能大赛网络建设与运维赛项相关知识和技能要求，以职业能力培养为目标、以工作过程为导向构建教材内容，分为系统安装与网络配置、系统管理和常用网络服务3部分，共11个任务，每个任务包括：任务情境、学习目标、知识储备、实训活动、技能巩固、考核评价。

本书特点如下：

（1）新型“活页式”教材

活页式教材具备结构化、形式化、模块化、灵活性和重组性等符合职业教育教学及自主学习的特征。本书按照“以学生为中心、学习成果为导向、促进自主学习”的思路进行编写，把“企业岗位的典型工作任务及工作过程知识”作为教材主体内容，突出如何借助“活动”实施教学。

（2）资源数字化实现教学做协调统一

针对学生的实际需求，以实践性和实用性为出发点，本书配套超星学习通版示范教学包，提供了丰富的网络教学资源，包括各个学习任务的教学PPT、教案、任务书、操作教学视频和在线作业等，可实现在线学习。

（3）新时代“红客”精神

本书对接专业培养新时代“红客”要求，根据专业和课程特点，依托教材内容培养学生不怕吃苦、攻坚克难、开拓进取、精益求精的工匠精神，以及守护国家网络安全的当代“红客”使命担当。本书还结合课程特点以知识储备、小贴士、实训活动等形式发挥育人功能，传递“红客”精神，包括岗位工作职责、职业素养、职业能力等。

本书由卢玉清、郭辉、廖子泉任主编，共同完成任务6～任务11的编写，卢怡、黎佳欣、杨樱任副主编，李德涌、刘俞辛、梁振奇参加编写，他们共同完成任务1～任务5的编写。在编写过程中，编者得到了广西塔易信息技术有限公司的大力帮助和指导，同时还参考了部分作者编写的资料，在此一并表示感谢。

由于编者水平有限，书中难免存在一些疏漏之处，恳请读者批评指正。

编　者

目 录

任务1
安装配置Linux操作系统

任务情境

邕盛科技公司为了让企业员工能便捷办公，在公司内部组建了中小型网络，现需要安装一台具有Web、FTP、DNS、DHCP、Samba、邮件服务等功能的服务器。选择既安全又易于管理的Linux网络操作系统为公司各部门工作人员提供服务，在稳定性、高效性和安全性等方面都具有很强的优势；其中安装的CentOS 7是一个企业级的Linux发行版本，它将源于Red Hat红帽免费公开的源代码再发行，支持Linux容器提供轻量的虚拟化，以便隔离进程和资源，这将提高资源的使用效率。为了确保服务器系统的安全性，需要定期修改服务器的超级管理员root用户密码，以保证系统资源处于安全稳定状态。

学习目标

知识目标

- 掌握Linux操作系统的功能作用
- 掌握Linux的体系结构内容

能力目标

- 能够正确安装VM15虚拟机
- 能够正确使用虚拟机安装配置CentOS 7系统
- 能够正确使用重置方法重置root密码

素质目标

- 了解计算机网络专业行业发展，培养学生的职业自信
- 培养学生协同合作的良好品质

知识储备

一、Linux操作系统的概念

想一想

请同学们查阅本学习任务的知识及相关资料，讨论并思考，Linux系统和Windows系统有什么区别？

____

____

1. Linux系统的发展历史

Linux系统是基于UNIX操作系统发展而来，我们首先介绍UNIX操作系统。UNIX操作系统是1969年由肯·汤普逊（Kenneth Thompson）和丹尼斯·里奇（Dennis Riche）在美国贝尔实验室开发的一种操作系统。Linux系统是一个类UNIX操作系统，Linux系统是UNIX在微机上的完整实现。Linux系统由于良好而稳定的性能迅速在计算机中得到广泛的应用，并在随后的几十年中不断改进。

1991年10月5日，赫尔辛基大学的一名研究生林纳斯·本纳第克特·托瓦兹（Linus Benedict Torvalds）在一个Usenet新闻组（comp.os.minix）中宣布他编制出了一种类似UNIX的小操作系统，并命名为Linux系统。Linux发布时的版本是0.02，后来又有0.03版，然后又跳到0.10版，因为全世界越来越多的程序员都开始开发Linux，很快它已经达到0.95版。这就意味着正式公布1.0版本的时间已经为期不远了。正式的1.0版本是在1994年公布的。

2. Linux系统的特点

Linux作为一个免费、自由、开放的操作系统，它的发展势不可挡，它拥有以下一些特点：①完全免费；②高效安全稳定；③支持多种硬件平台；④友好的用户界面；⑤强大的网络功能；⑥支持多任务、多用户。

3. Linux系统结构

Linux系统结构一般有3个主要部分：内核（kernel）、命令解释层（Shell或其他操作环境）、实用工具。

1）内核。内核是Linux系统的“心脏”，是运行程序和管理硬件设备的核心。操作环境向用户提供一个操作界面，它从用户那里接受命令，并且把命令送给内核去执行。Linux内核的源代码主要用C语言编写，只有部分与驱动程序相关的代码用汇编语言编写。

2）命令解释层。Shell是系统的用户界面，也是一个命令解释器，为用户与内核交互操作提供了一种接口，它接收用户输入的命令，并且把这部分内容送到内核中。

Linux存在几种操作环境，分别是桌面（desktop）、窗口管理器（window manager）和命令行Shell（command line shell）。Linux系统中的每个用户都可以拥有自己的用户操作界面，并根据自己的要求进行定制。

3）实用工具。编辑器：用于编辑文件。过滤器：Linux的过滤器（Filter）读取从用户文件或其他地方的输入，用于接收并过滤数据。交互程序：允许用户发送信息或接收来自其他用户的信息。

填一填

请同学们查阅本学习任务的知识及相关资料，讨论与思考。

1）GNU的含义是________________。

2）Linux 一般有3个主要部分，分别为________、________、________。

4. 认识Linux的版本

Linux的版本分为内核版本和发行版本两种。

Linux内核是运行程序和管理诸如磁盘和打印机等硬件设备的核心，它提供了一个在裸设备与应用程序间的抽象层。内核的开发和规范一直由托瓦兹领导的开发小组控制着，版本也是唯一的。Linux内核的版本号命名是有一定规则的，版本号的格式通常为“主版本号.次版本号.修正号”。

一般谈论的Linux系统是针对发行版本（Distribution）的。目前各种发行版本超过了300种，现在最流行的有Red Hat Linux（红帽子）、红旗Linux等。

CentOS 7于2014年7月7日正式发布，这是一个企业级的Linux发行版本，是基于Red Hat Linux免费公开的源代码。

和以前的版本相比，CentOS 7主要加入以下新特性：

1）从CentOS 6.X在线升级到CentOS 7。

2）加入了Linux容器（Linux Containers，LXC）支持，使用轻量级的Docker进行容器实现。

3）默认的XFS文件系统。

4）使用systemd后台程序管理Linux系统和服务。

5）使用firewalld后台程序管理防火墙服务。

做一做

请同学们查阅本学习任务的知识及相关资料，讨论与思考。

1）Windows系统和Linux系统的挂载有什么区别？

____

____

2）Linux系统的发行版本都有哪些？

____

____

小贴士

Linux之父——林纳斯·本纳第克特·托瓦兹出生于1969年，毕业于芬兰赫尔辛基大学计算机科学专业，他的学业成绩一直非常优秀，甚至被称为“计算机科学天才”。1991年，当时还是大学生的托瓦兹创建了Linux操作系统的第一个版本，成为代码贡献者和项目管理者。托瓦兹为人非常低调、谦虚，但在技术领域上却拥有绝对的威信，他始终保持着程序员的初心，认为程序员应该将自己的代码与社区分享，这样才能推动技术的发展和进步。他带领着各个程序员参与Linux操作系统的完善工作。这种开放式的协作方式迅速推动了Linux操作系统的发展。

托瓦兹的贡献不仅仅是技术，他的个人魅力和理念也成为开源社区的旗帜。深受技术界的敬仰。托瓦兹被誉为“开源之父”，并在2014年荣获了被誉为计算机领域的诺贝尔奖的图灵奖。托瓦兹是一个非常成功的软件工程师，他的精神也激励着更多的年轻人投身于软件开发领域。

活动1 安装和配置VMware Workstation 虚拟机

活动准备

1）VMware15以上版本的虚拟机软件。

2）CentOS 7安装的ISO镜像文件。

3）已安装好Windows 10的物理主机。

活动要求

在邕盛科技公司内部组建的中小型网络中，为了便于服务器运行调试，现需安装VMware-workstation 15.5虚拟机主机，需要提前准备好映像文件，使用VMware Workstation Pro安装向导进行安装，安装位置自定义为非系统盘保存，安装过程中创建桌面快捷方式，使后续调用更方便快捷，安装完毕须输入可永久激活的VMware Workstation Pro许可证密钥，之后就可以正常运行使用VMware-workstation 15.5虚拟机了。

活动讨论

请同学们查阅本学习任务的知识及相关资料，思考讨论，在安装虚拟机的过程中需要注意的细节都有哪些？

____

____

活动要点

1）提前下载好映像文件，建议创建新建文件夹将映像文件放进去，并牢记安装路径，方便之后使用。

2）安装过程中，创建VMware Workstation Pro的快捷方式：桌面（D）和开始菜单程序文件夹（S）。

3）VMware Workstation Pro许可证密钥选择最新版本。

4）新建虚拟机完成后建议使用快照功能保存数据配置等，方便日后出现问题时可及时复原。快照功能使用方法：打开某虚拟机→单击“拍摄此虚拟机快照”工具→输入快照名称及描述→单击“拍摄快照”按钮并保存。

5）回到物理机的工作区，按<Ctrl+Alt>组合键可看到光标变成小手出现在屏幕上，这时候可以移动到虚拟机以外的区域进行操作。

活动过程

1）在硬盘中找到VMware的应用程序，然后双击鼠标左键，打开“VMware Workstation Pro安装”对话框。

2）在“欢迎使用VMware Workstation Pro 安装向导”界面，单击“下一步”按钮开始进行安装，如图1-1所示。

3）单击“下一步”按钮继续安装，如图1-2所示。

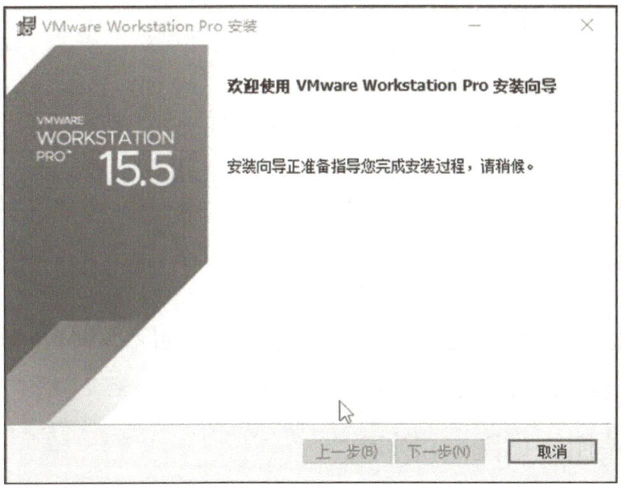

图 1-1

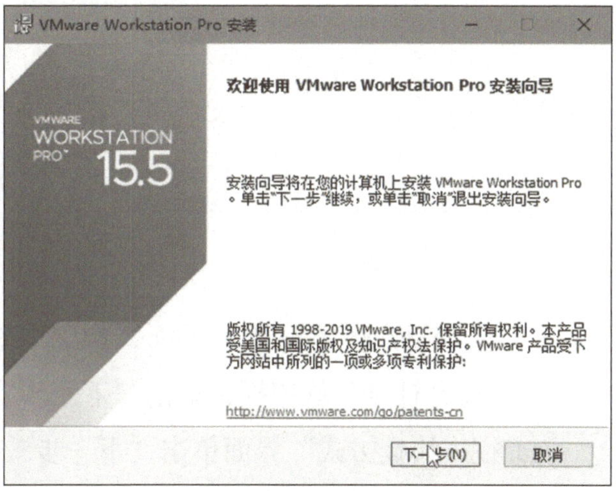

图 1-2

4）在“最终用户许可协议”界面选中“我接受许可协议中的条款”复选框，单击“下一步”按钮，如图1-3所示。

5）在“自定义安装”界面，如果需要变更安装的位置，在“安装位置”单击“更改…”按钮，如图1-4所示。

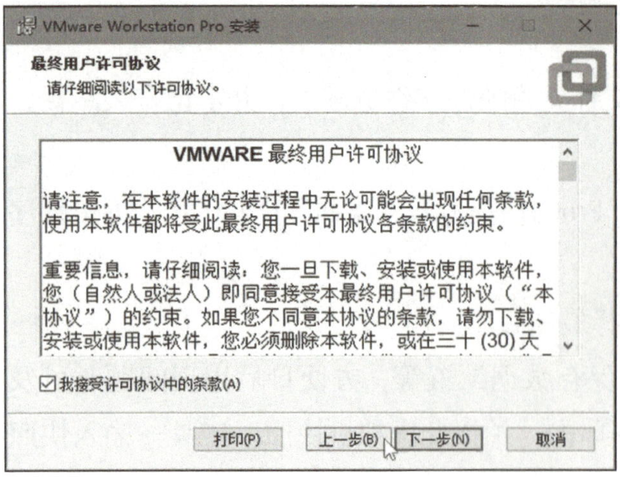

图 1-3

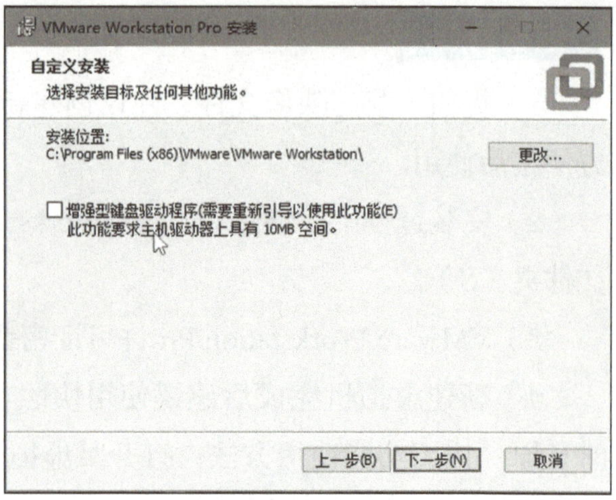

图 1-4

6）在“更改目标文件夹”界面的“查找范围”中选择保存的路径“F:\VMware\VMware Workstation\”，单击“确定”按钮，如图1–5所示。

7）单击“下一步”按钮，如图1–6所示。

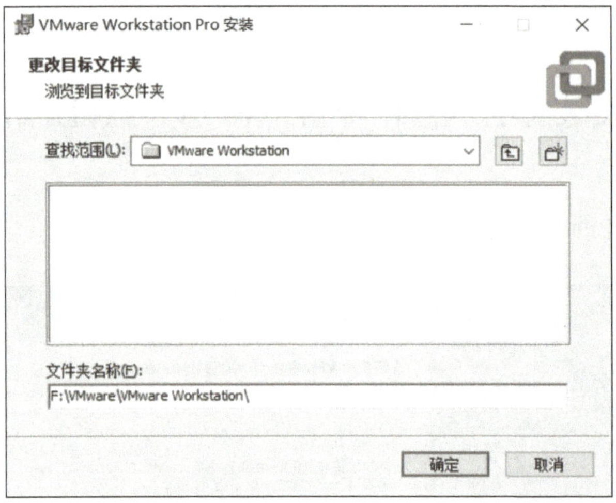

图 1-5

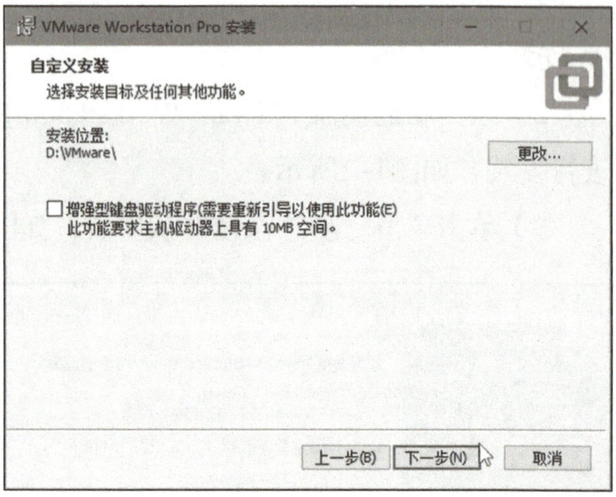

图 1-6

8）在“用户体验设置”界面，取消勾选“启动时检查产品更新”和“加入VMware客户体验提升计划”复选框，单击“下一步”按钮，如图1–7所示。

9）在“快捷方式”界面单击“下一步”按钮，如图1–8所示。

10）在“已准备好安装VMware Workstation Pro”界面，单击“安装”按钮，如图1–9和图1–10所示。

11）在“VMware Workstation Pro安装向导已完成”界面，单击“许可证”按钮，如图1–11所示。

12）进入“输入许可证密钥”界面，在文本框中输入密钥，单击“输入”按钮，如图1–12所示。

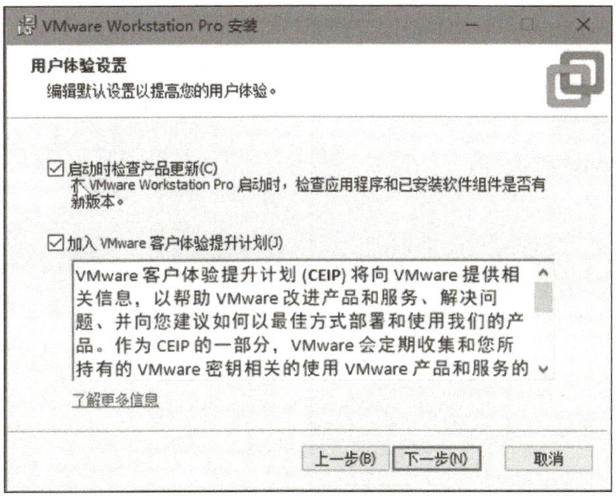

图 1-7

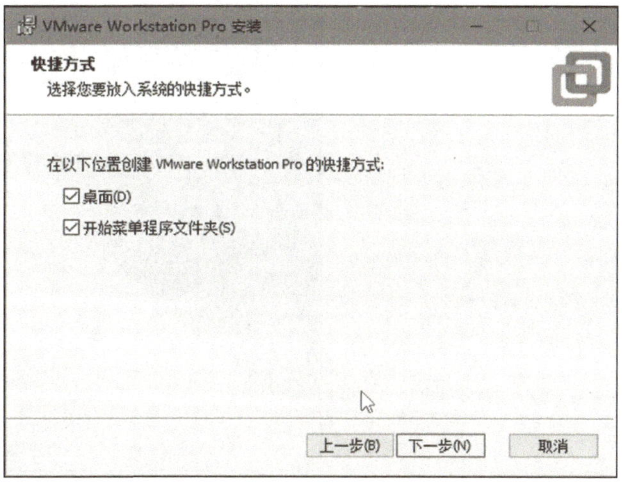

图 1-8

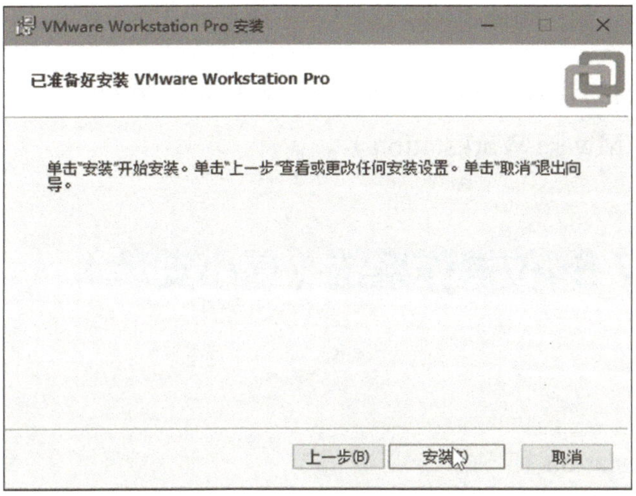

图 1-9

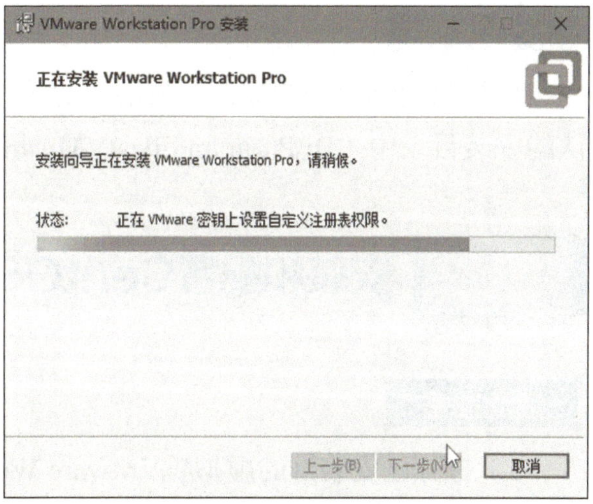

图 1-10

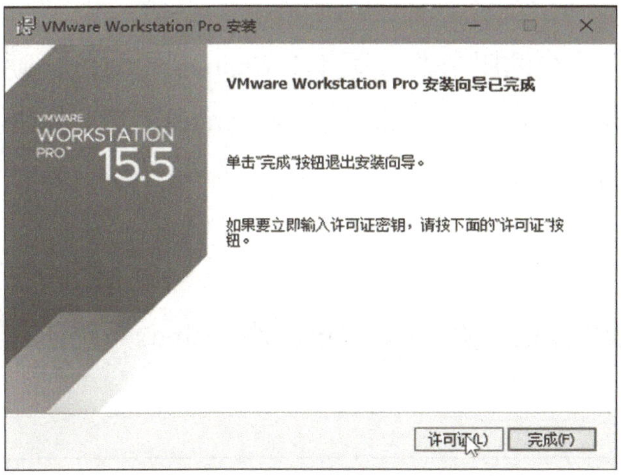

图 1-11

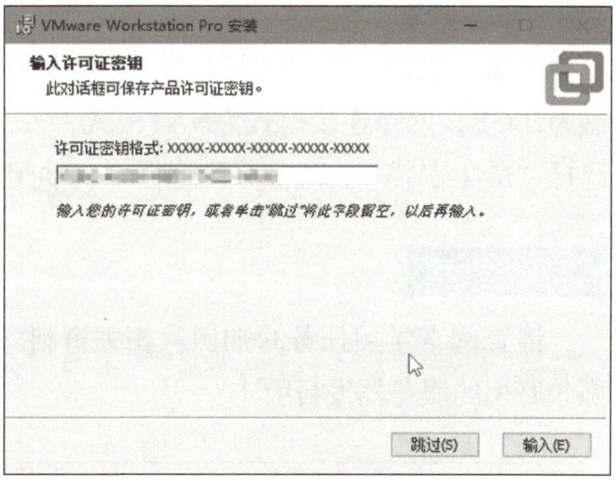

图 1-12

13）单击“完成”按钮退出安装向导，到此就完成了虚拟机的安装，如图1-13所示。

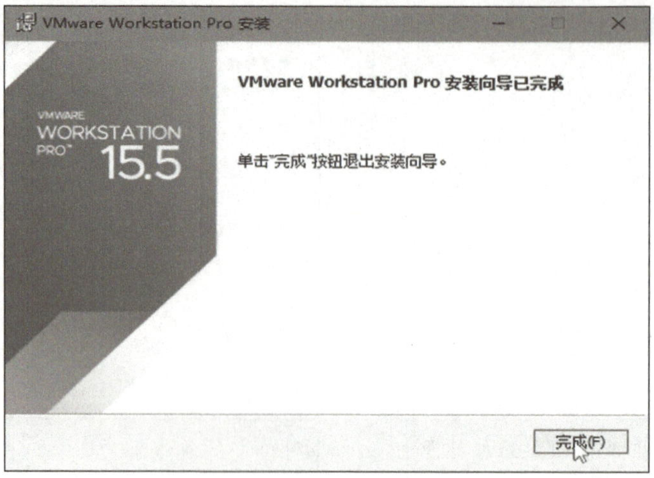

图 1-13

技能巩固

根据前面学习到的知识和技能，完成下面的操作：将VMware Workstation 16安装到默认的安装目录中（D:\Program Files\VMware\VMware Workstation）。

活动2 安装和配置CentOS 7 64位操作系统（最小安装）

活动准备

1）打开已安装好的虚拟机VMware Workstation 15.5。

2）CentOS 7.4版本安装的ISO镜像文件。

活动要求

邕盛科技公司策划部现安装一台Linux操作系统的服务器，版本为CentOS 7 64位，硬盘为20GB，网络连接模式为NAT模式，安装语言设为“English（United States）”，软件选择“最小安装”，磁盘分区选择“自动配置分区”。

活动讨论

请查阅本学习任务的知识及相关资料，思考讨论，除了CentOS之外，Linux系统还有哪些好用的服务器发行版本？

____

____

活动要点

1）安装CentOS 7.4，需要提前准备好CentOS 7.4安装镜像，安装后将默认存储路径修改为空间容量比较大的磁盘路径。

2）“典型”和“自定义”安装的区别。典型是全自动调整虚拟机的设置，自定义是全手动调整虚拟机的设置；典型是根据系统来做出最佳的设置，自定义则是可以自己添加或删除一些硬件或配置。

3）网络适配器连接方式，见表1-1。

表1-1　3个虚拟网卡分别对应3种网络适配器连接方式以及特点

VMnet0	Bridged（桥接）	可联外网，虚拟机IP与主机同网段，可与主机本局域网中的其他真实或虚拟主机进行通信
VMnet1	Host-Only（仅主机）	不可联外网，仅可与主机进行通信
VMnet8	NAT（网络地址转换）	可联外网，通过nat转换实现连接外网，虚拟机IP与主机不在同一网段，不可以与主机本局域网中的其他真实或虚拟主机进行通信

4）本地配置主要包括时区、键盘和语言的设置，系统会自动获取；软件配置包括安装源和软件选择，安装源就是配置虚拟机时选择的系统镜像，软件选择是选择要安装的软件，安装向导帮我们整理好了安装类型，根据需求可进行选择。选择“最小安装”，可以不占用太多磁盘空间，安装过程迅速，主要以终端命令行的形式呈现。

5）磁盘分区选择：“自动配置分区”。自动分区是根据默认配置对磁盘进行分区，属于标准化的分区格式，如果对系统没有特殊要求的话，则可以使用自动分区。

活动过程

1）成功安装虚拟机软件VMware Workstation后的虚拟机管理界面如图1-14所示，单击“创建新的虚拟机”按钮，进入“欢迎使用新建虚拟机向导”。

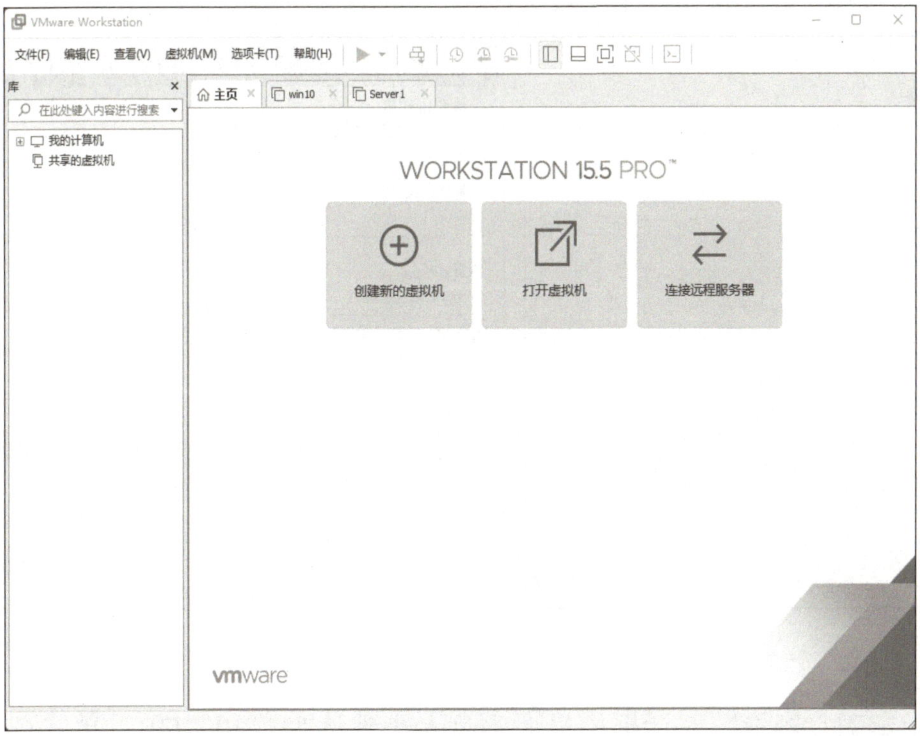

图　1-14

2）在“欢迎使用新建虚拟机向导”对话框，选中“自定义”单选按钮，单击“下一步”按钮，如图1–15所示。

3）在“安装客户机操作系统”对话框，选中“稍后安装操作系统”单选按钮，单击“下一步”按钮，如图1–16所示。

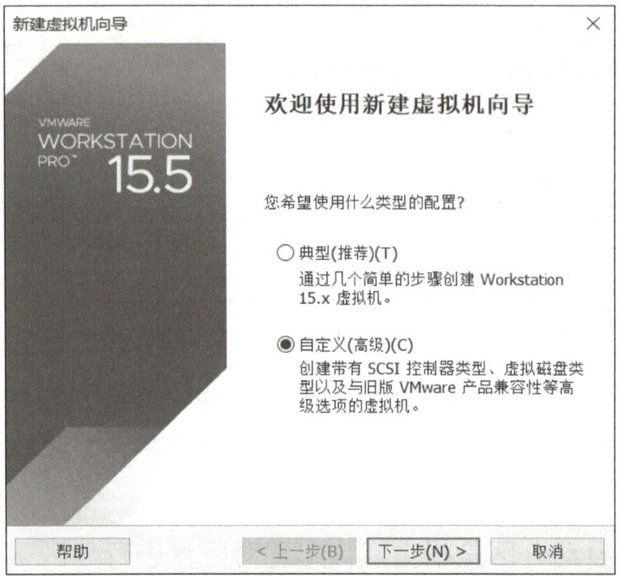

图　1-15

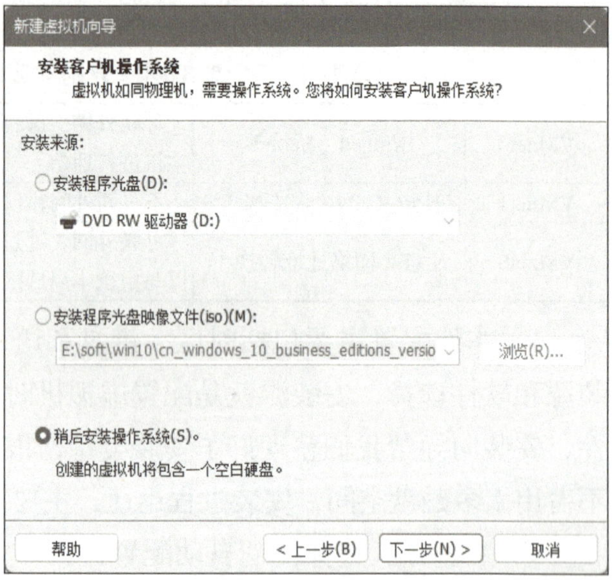

图　1-16

4）在“选择客户机操作系统”对话框的“客户机操作系统”中选中“Linux（L）”单选按钮，版本选择“CentOS 7 64位”，单击“下一步”按钮，如图1–17所示。

5）在“命名虚拟机”对话框的“虚拟机名称”文本框中输入“Server1”，单击“浏览”按钮选择保存位置，单击“下一步”按钮，如图1–18所示。

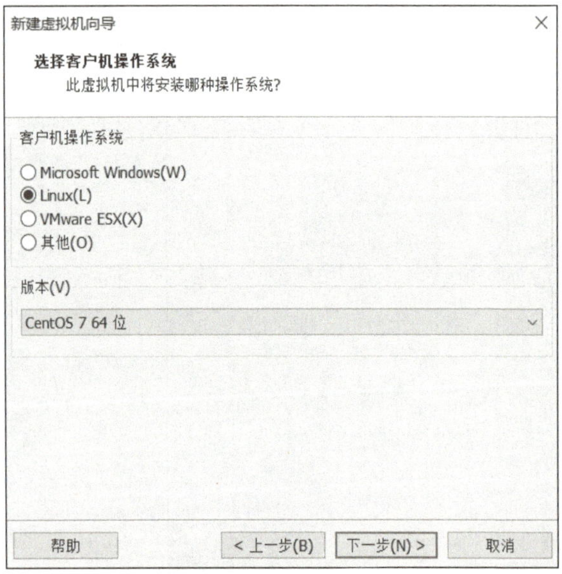

图　1-17

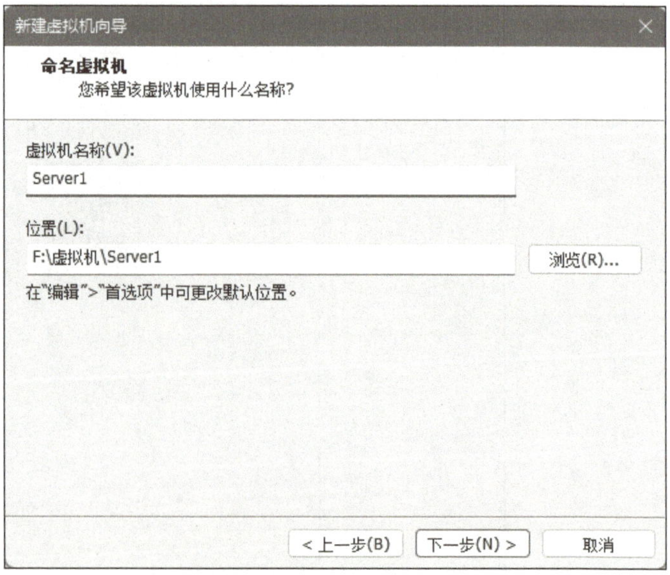

图　1-18

6）“指定磁盘容量”对话框中最大磁盘大小默认为“20”GB，单击“下一步”按钮，如图1–19所示。

7）进入“已准备好创建虚拟机”对话框，单击“完成”按钮，如图1–20所示。

8）在虚拟机对话框中单击“编辑虚拟机设置”，选择CD/DVD，选中“使用ISO映像文件”单选按钮，单击“浏览”按钮在磁盘中找到CentOS 7的安装镜像包，单击“确定”按钮，如图1–21所示。

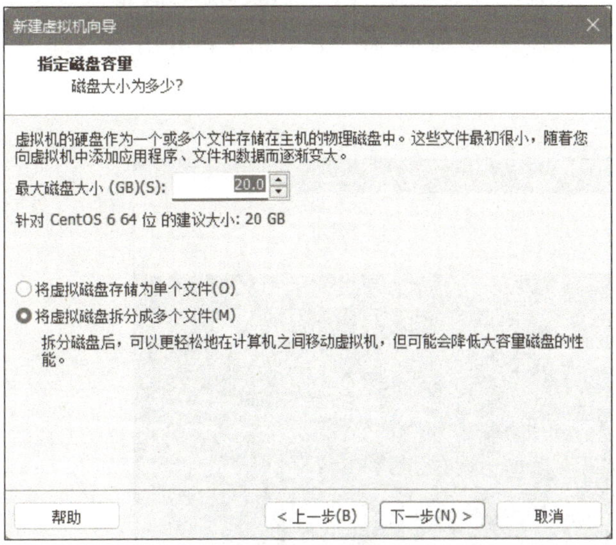

图 1-19

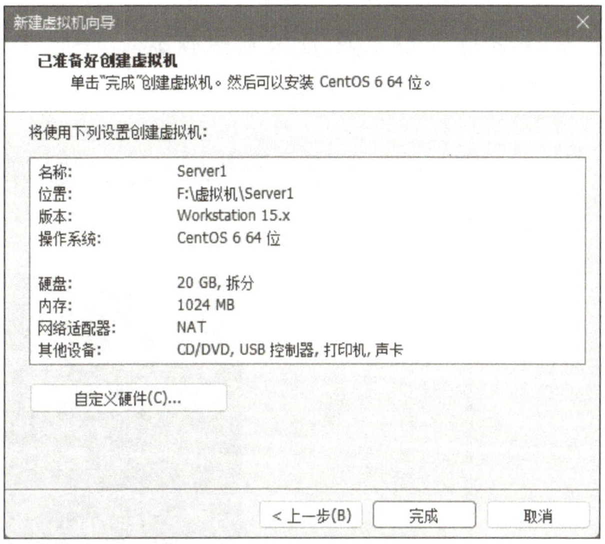

图 1-20

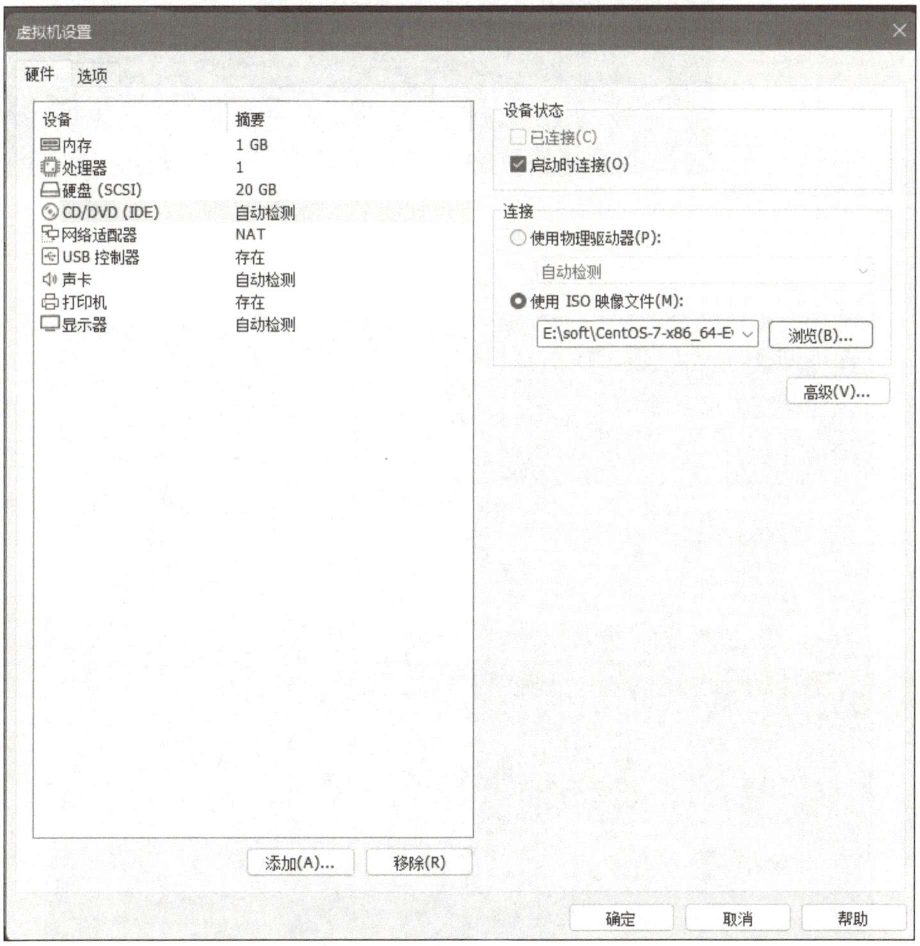

图 1-21

9）在虚拟机对话框，单击“开启此虚拟机”按钮，进入CentOS 7系统安装界面，按<Enter>键后开始加载镜像文件，所需时间为30～60秒，如图1-22和图1-23所示。

注意

“Test this media & install CentOS 7” 和 “Troubleshooting” 的作用分别是校验光盘完整性后再安装以及启动救援模式，在此通过键盘的方向键选择 “Install CentOS 7” 选项来直接安装Linux系统。

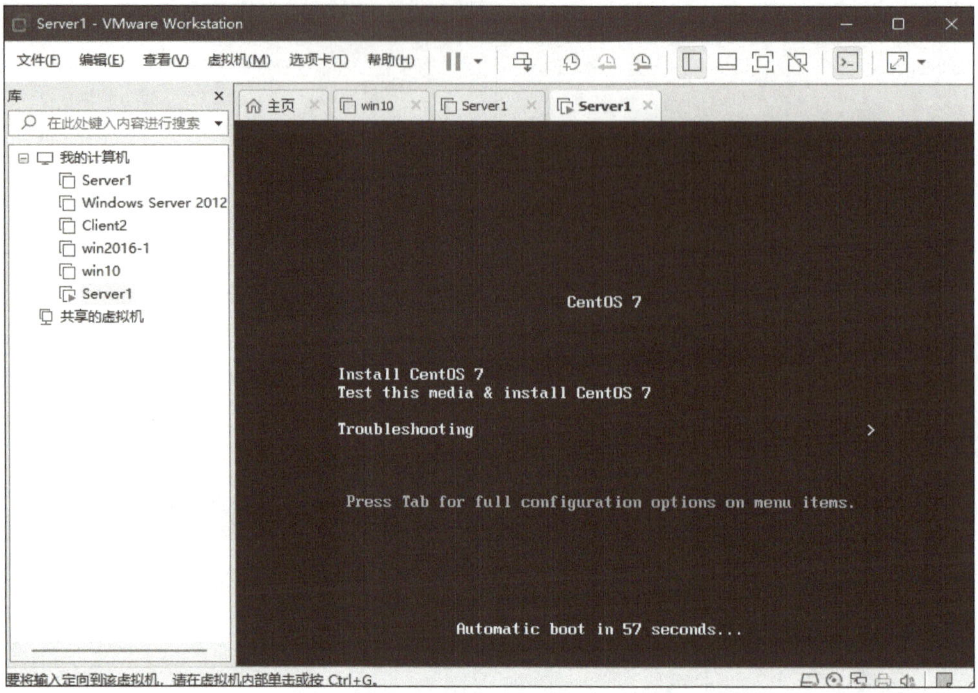

图 1-22

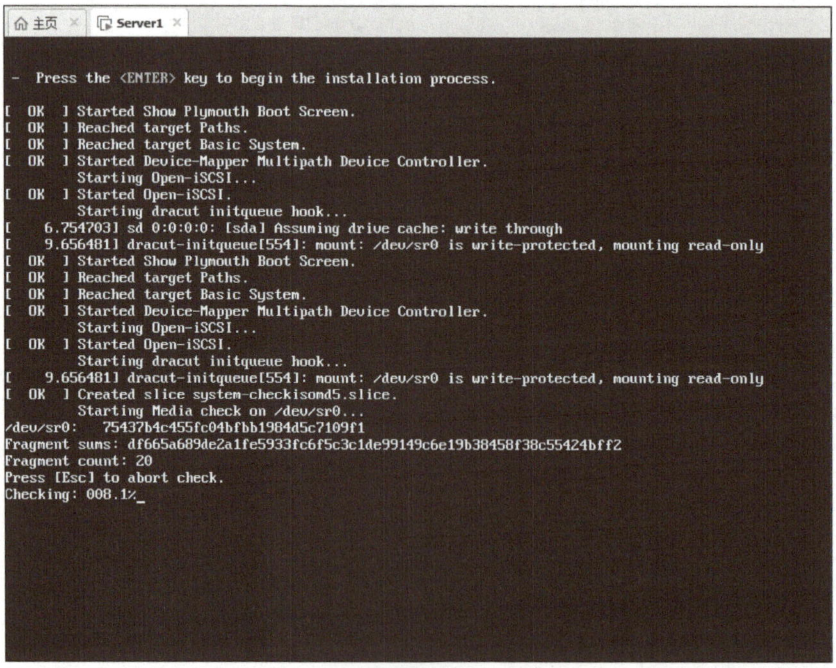

图 1-23

10）在“系统安装语言”对话框，默认选择“English”，单击“Continue”按钮，如图1–24所示。

图 1–24

11）在“安装信息摘要”界面中，拖动滚动条往下找到“SYSTEM”，单击“Automatic partitioning selected”，进入磁盘分区配置，这里保持默认设置是自动配置分区，单击“Done”按钮完成配置，如图1–25和图1–26所示。

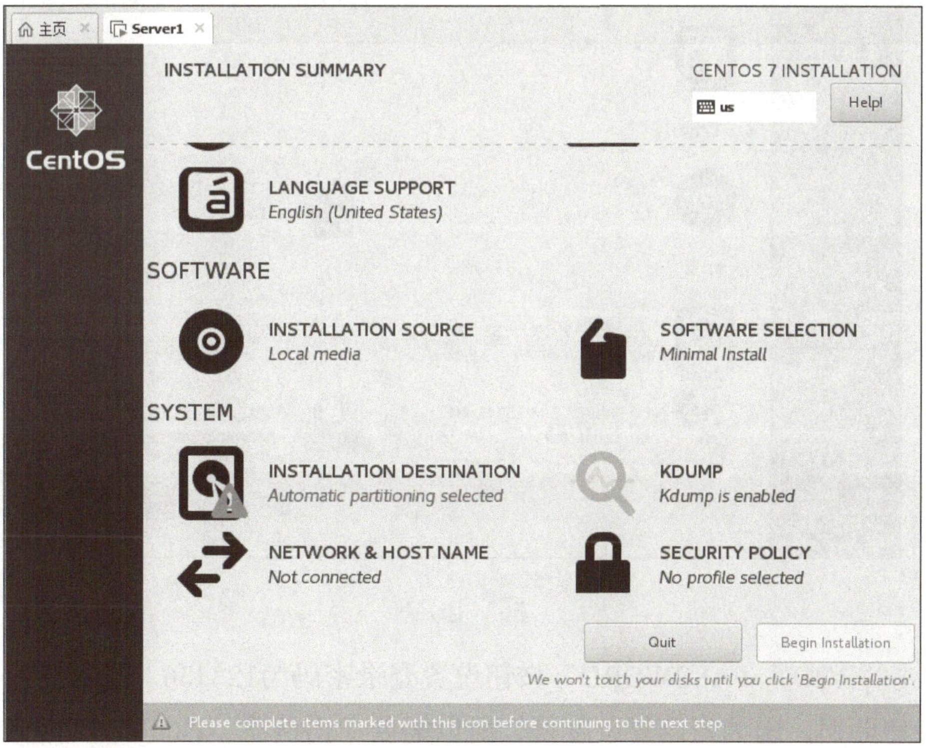

图 1–25

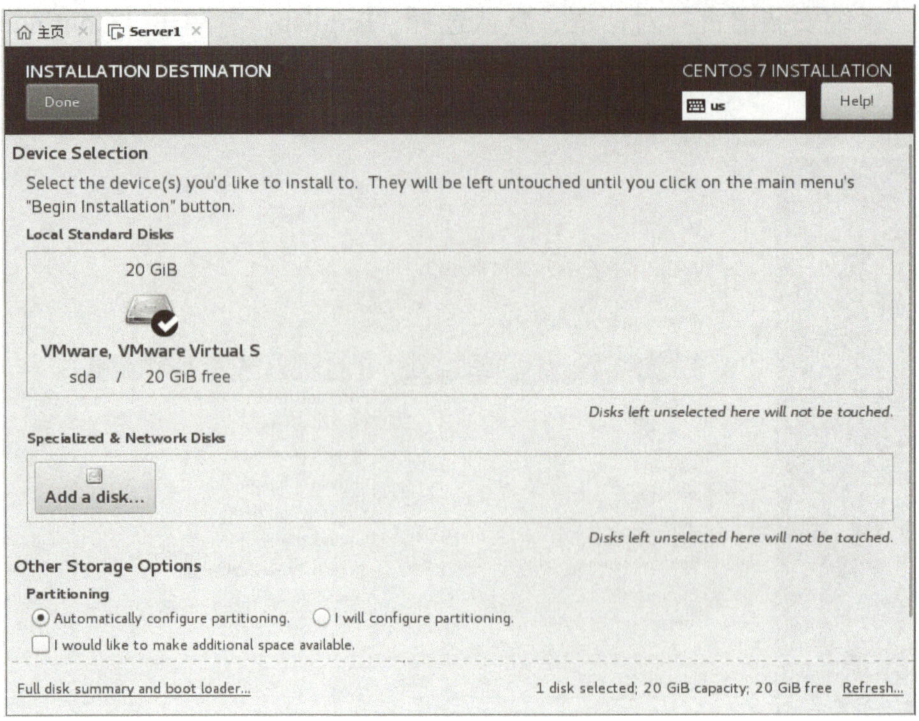

图 1-26

12）单击“Begin Installation”按钮开始安装，如图1-27所示。

图 1-27

13）单击“ROOT PASSWORD”按钮设置登录密码为123456，输入两遍，然后单击“Done”按钮两遍，因为密码复杂度低，所以需要单击两次“Done”按钮完成设置，如图1-28所示。

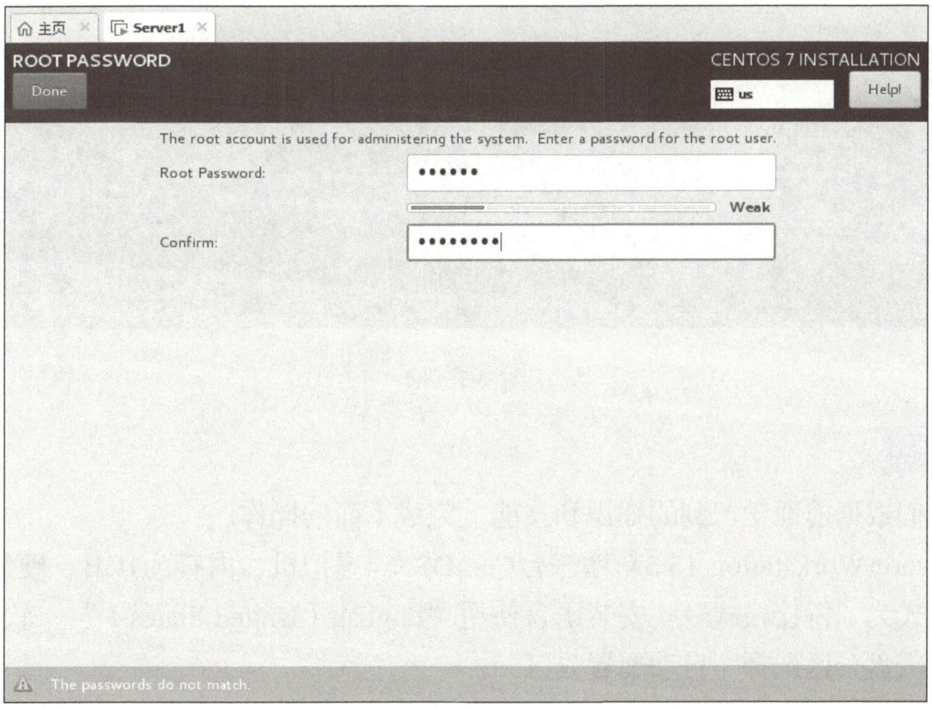

图 1-28

14）在安装完成的对话框中，单击“Reboot”按钮重启系统，到此已经完成系统的安装，如图1-29所示。

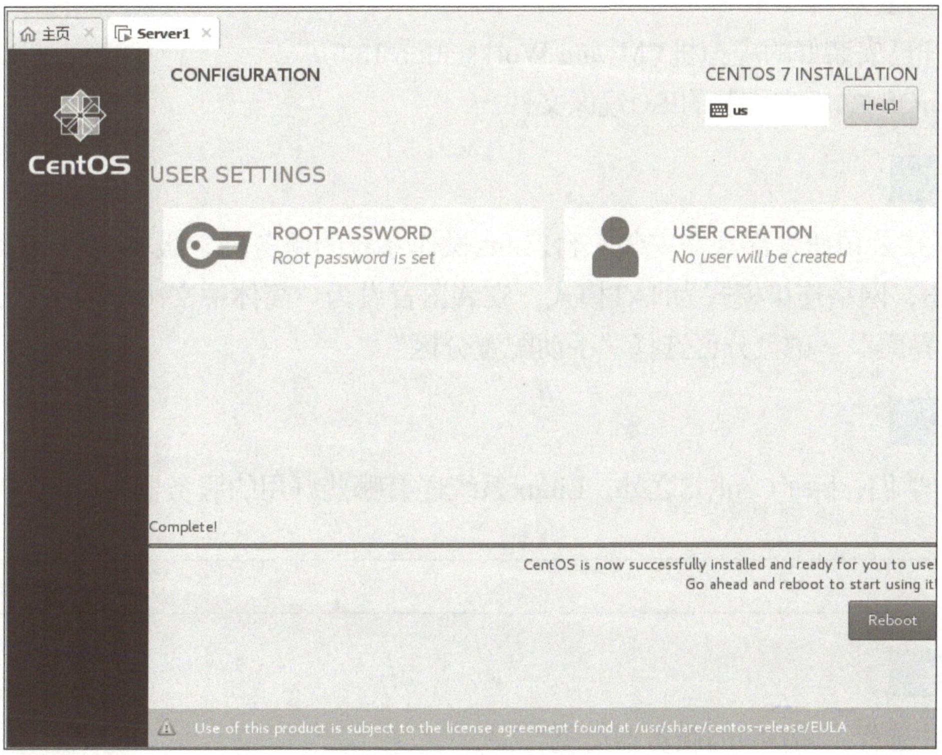

图 1-29

15）在系统登录界面，输入账户“root”，密码“123456”，成功进入系统，如图1-30所示。

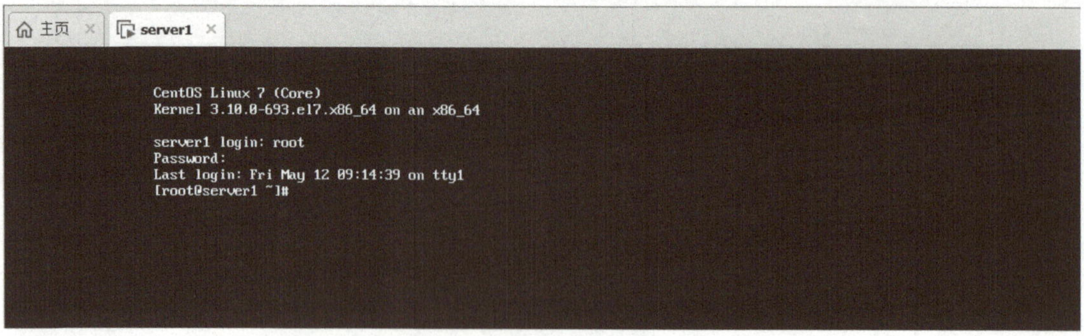

图 1-30

技能巩固

请同学们根据前面学习到的知识和技能，完成下面的操作。

在VMware Workstation 15.5新增一台CentOS 7.4虚拟机，内存为1GB，硬盘为20GB，网络连接模式为“桥接模式”，安装语言使用“English（United States）”，软件选择“最小安装”，磁盘分区选择“自动配置分区”。

活动3 安装和配置CentOS 7操作系统（GUI图形界面）

活动准备

1）打开已安装好的虚拟机VMware Workstation 15.5。

2）CentOS 7.4版本安装的ISO镜像文件。

活动要求

邕盛科技公司研发部现需安装一台Linux操作系统的服务器，版本为CentOS 7 64位，硬盘为40GB，网络连接模式为NAT模式，安装语言设为“简体中文（中国）”，软件选择“GUI图形界面”，磁盘分区选择“手动配置分区”。

活动讨论

请问同学们，除了CentOS之外，Linux系统还有哪些好用的服务器发行版本？

____

____

活动要点

1）软件选择：带GUI的服务器类型。

2）磁盘分区选择：手动配置分区。

注意

其中一定要选择“标准分区”，以保证/home为单独分区。

3）挂载，即把各分区或磁盘放在一个目录里；挂载点：Linux中磁盘文件系统的入口目录，类似于Windows中的不同分区，如C、D、E等盘符。

Linux用目录名挂载分区或目录的好处：一是便于操作，可以把分区或磁盘挂载到任何想要的目录或文件夹里。二是由于挂载的文件夹或目录可以自己指定，所以就可以挂载到自己创建的或相关内容的目录或文件夹里。

常用的挂载点设置如下：

- /（根目录）：唯一必须要挂载的目录，在绝大多数情况下，有10GB的容量就足够了
- /boot：系统引导目录，包含了操作系统的内核和启动系统过程中所要用到的文件
- /swap：交换分区，当内存不够用时可以防止内存溢出
- /bin：用于存放常用命令，所有用户都有执行权限
- /sbin：用于存放系统管理员命令
- /var：常用于存放日志文件
- /tmp：常用于存放临时文件
- /home：系统默认的用户家目录，新增用户账号时，用户的家目录都存放在此目录下
- /usr：应用程序存放目录

活动过程

1）成功安装虚拟机软件VMware Workstation后的虚拟机管理界面如图1-31所示，单击“创建新的虚拟机”选项，进入欢迎使用新建虚拟机向导。

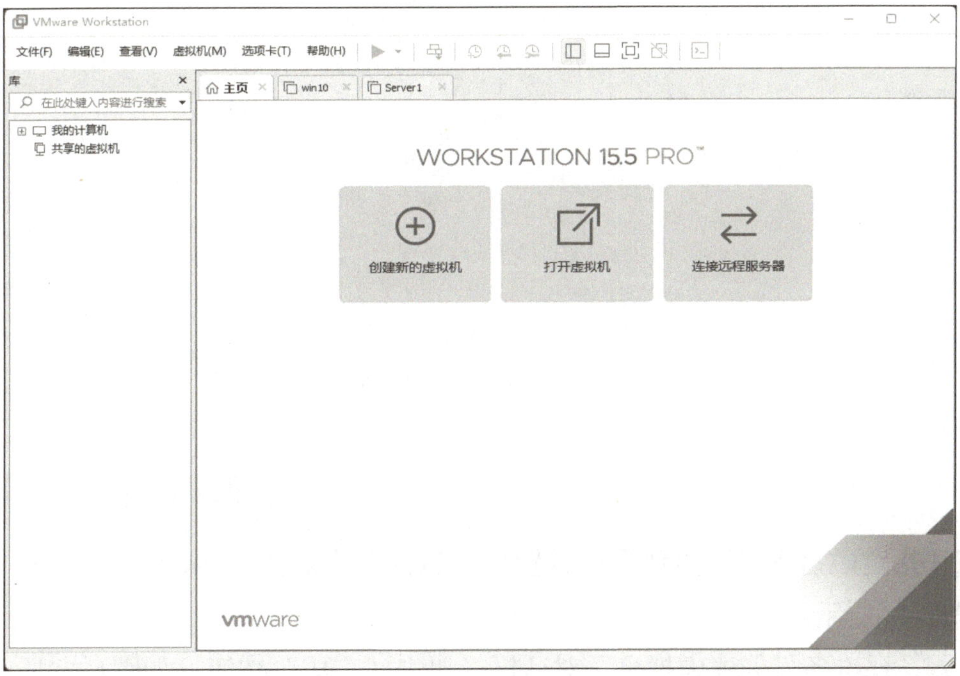

图 1-31

2）在“欢迎使用新建虚拟机向导”对话框中选择“自定义”单选按钮，单击“下一步”按钮，如图1-32所示。

3）在“安装客户机操作系统”对话框中选择“稍后安装操作系统”单选按钮，单击“下一步”按钮，如图1–33所示。

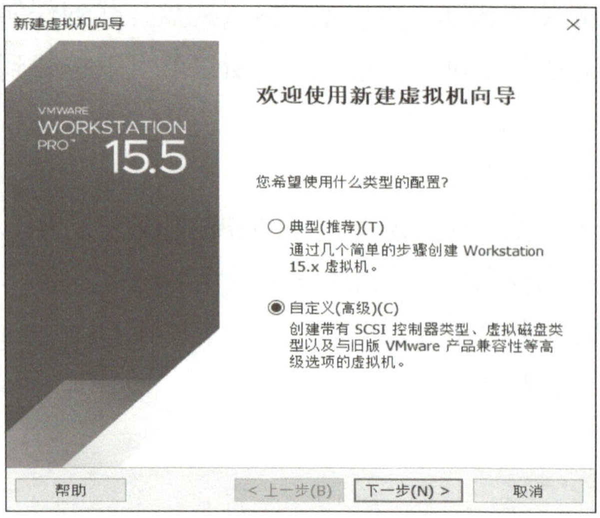

图 1-32

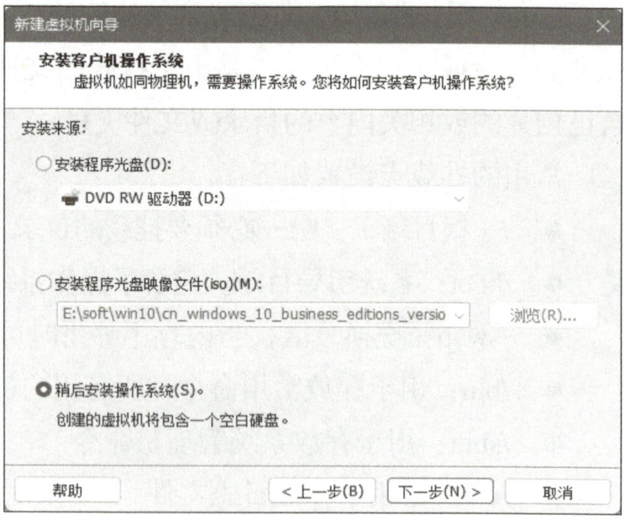

图 1-33

4）在“选择客户机操作系统”对话框的“客户机操作系统”中选择“Linux（L）”单选按钮，版本选择“CentOS 7 64位”，单击“下一步”按钮，如图1–34所示。

5）在“命名虚拟机”对话框，在“虚拟机名称”文本框输入“Server1”，单击“浏览”按钮选择保存位置，单击“下一步”按钮，如图1–35所示。

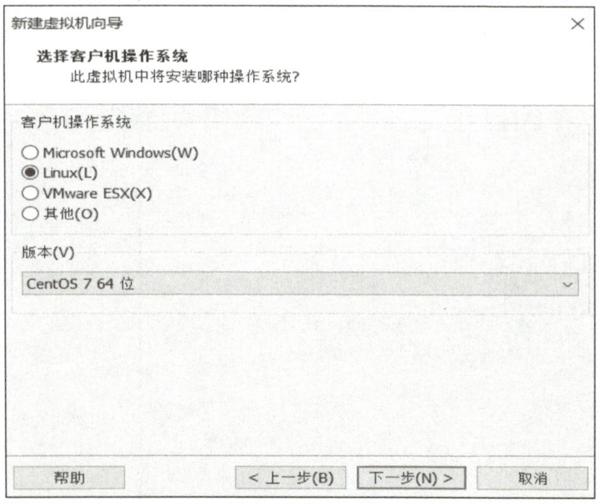

图 1-34

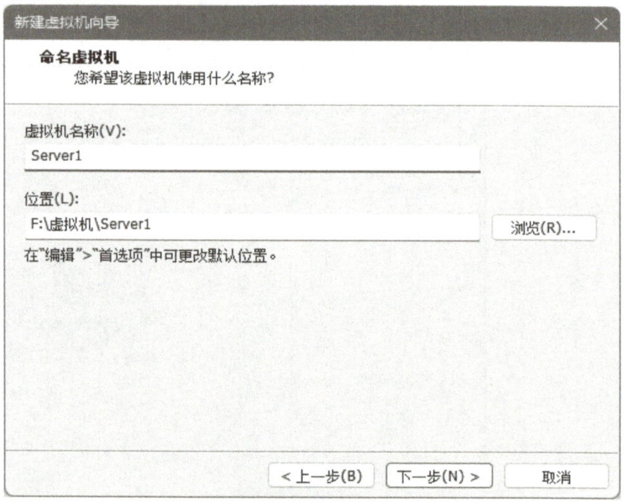

图 1-35

6）在“指定磁盘容量”对话框中设置最大磁盘大小默认“40GB”，单击“下一步”按钮，如图1–36所示。

7）进入“已准备好创建虚拟机”对话框，单击“完成”按钮，如图1–37所示。

8）在虚拟机对话框中单击“编辑虚拟机设置”，选择“CD/DVD”并选中“使用ISO映像文件”，单击“浏览”按钮在磁盘中找到CentOS 7的镜像安装包，单击“确定”按钮，如图1–38所示。

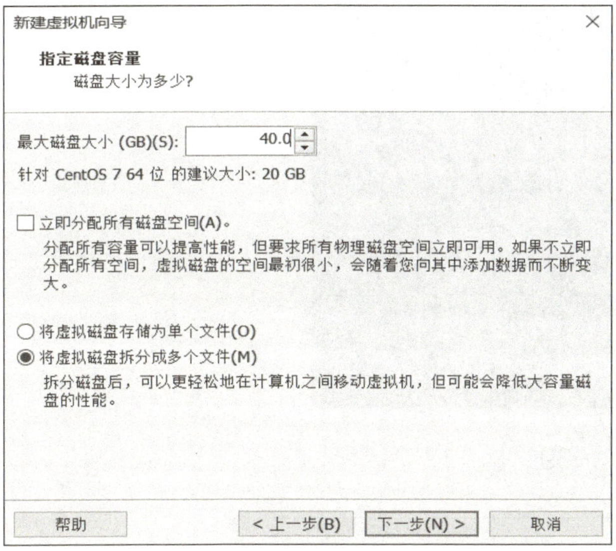

图 1-36

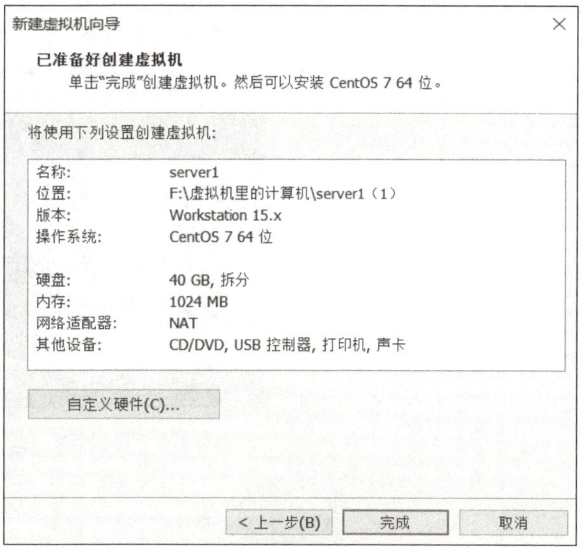

图 1-37

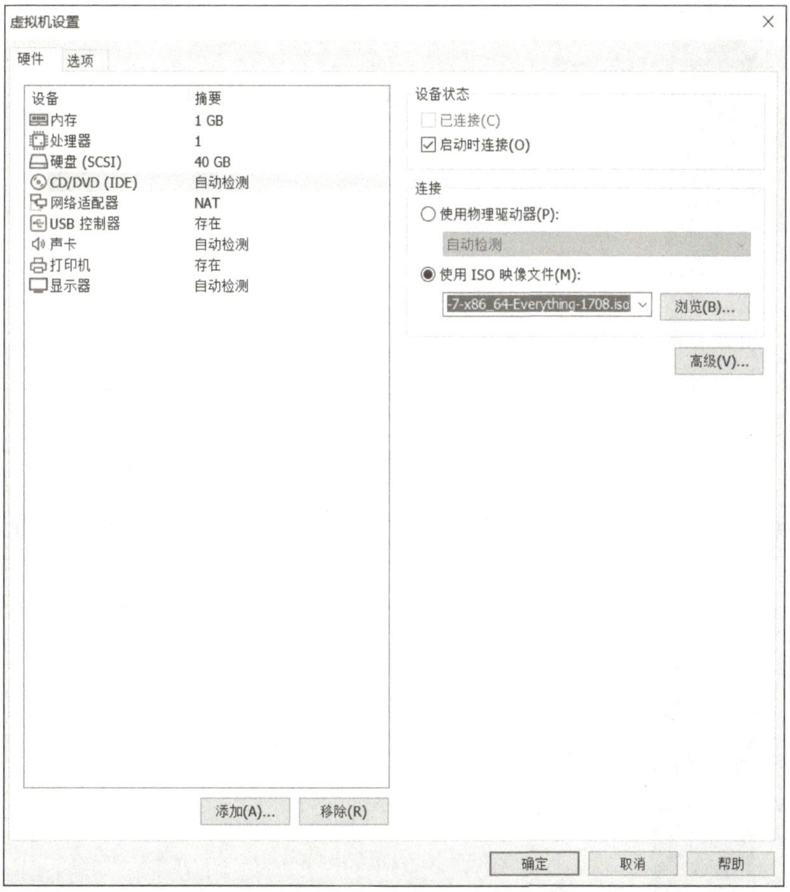

图 1-38

9）在虚拟机管理界面中，先在左侧选中要开启的系统名称，再在右侧单击“打开虚拟机”按钮，稍后就能看到CentOS 7系统安装界面，如图1-39所示。

10）按<Enter>键开始加载镜像文件，所需时间大约为30～60秒，然后选择系统的安装语言为“简体中文（中国）”，单击“继续”按钮，如图1-40所示。

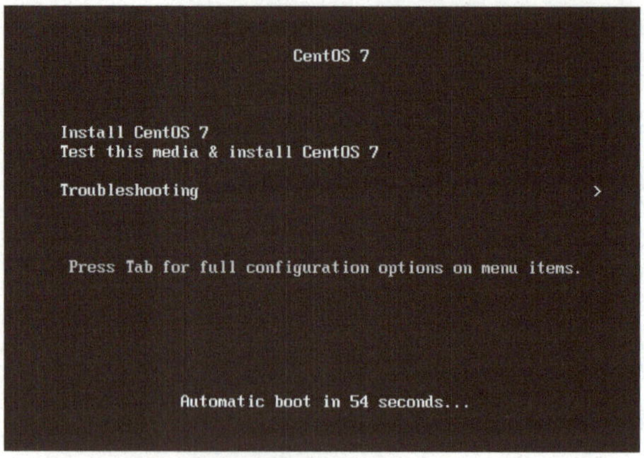

图 1-39

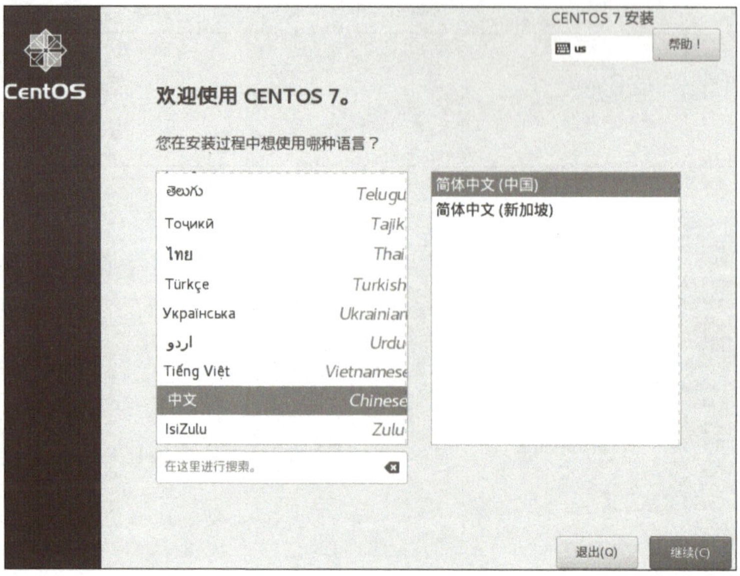

图 1-40

11）在“安装信息摘要”界面中单击“软件选择”按钮，如图1-41所示。

图 1-41

12）进入“软件选择”界面，在此可以根据用户需求来调整系统的基本环境，如把Linux系统用作基础服务器、文件服务器、Web服务器或工作站等。只需在界面中选中“带GUI的服务器”按钮（注意，如果不选中此项，则无法进入图形界面），然后单击左上角的“完成”按钮即可，如图1-42所示。

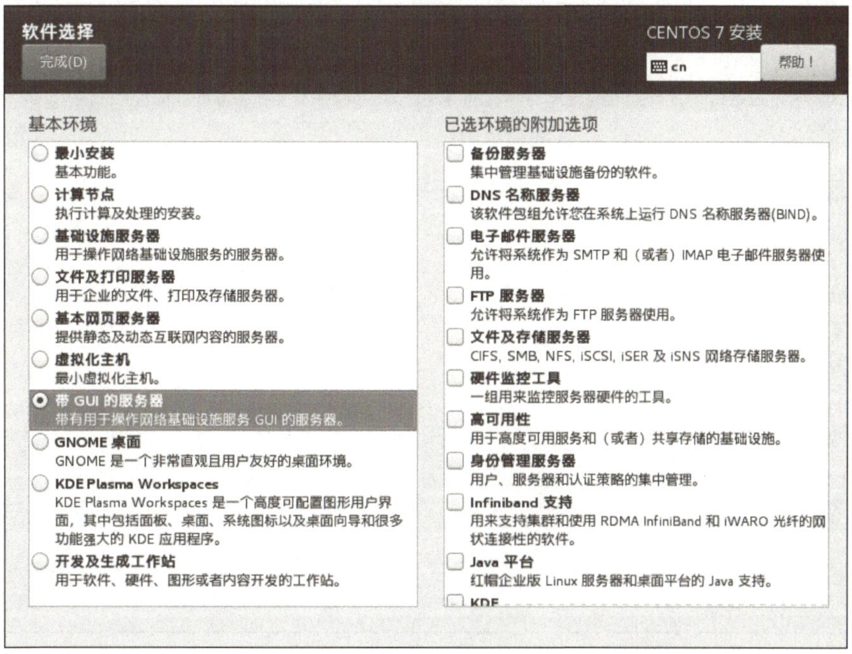

图 1-42

13）返回CentOS 7系统安装信息摘要界面，单击“网络和主机名”选项后，进入“网络和主机名”界面，将“主机名”设置为“server1”，然后单击左上角的“完成”按钮，如图1-43所示。

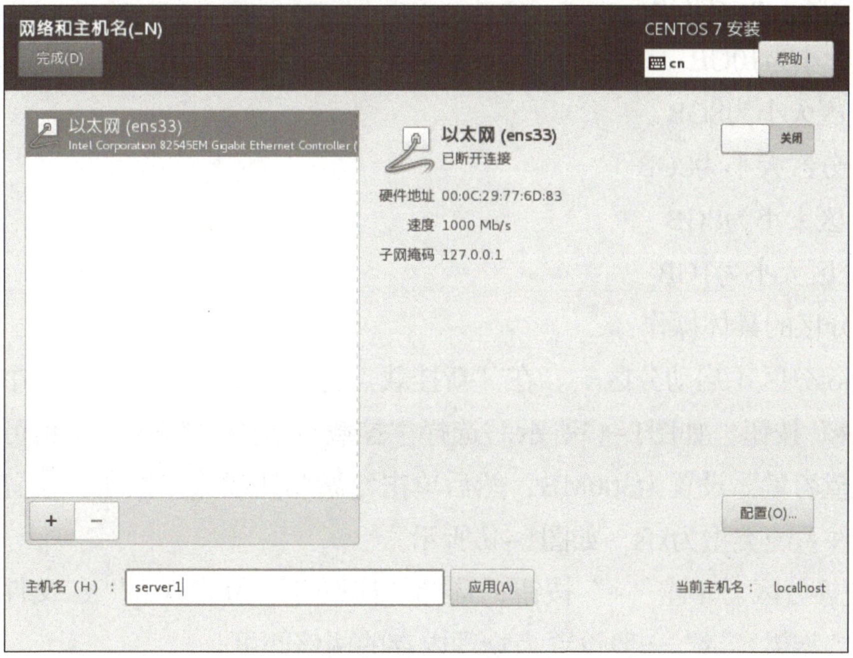

图 1-43

14）返回“安装信息摘要”界面，单击“安装位置”选项后，进入“安装目标位置”界面，选择“我要配置分区”单选按钮，然后单击左上角的“完成”按钮，如图1–44所示。

图 1–44

15）开始配置分区。磁盘分区允许用户将一个磁盘划分成几个单独的部分，每一部分有自己的盘符。在分区之前，首先要规划分区，以40GB的硬盘为例，可做如下规划：

- /boot分区大小为300MB
- swap分区大小为4GB
- /分区大小为10GB
- /usr分区大小为8GB
- /home分区大小为8GB
- /var分区大小为8GB
- /tmp分区大小为1GB

下面进行分区的具体操作：

① 创建boot分区（启动分区）。在“新挂载点将使用以下分区方案”中选择“标准分区”。单击“+”按钮，如图1–45所示。选择“挂载点”为“/boot”（也可以直接输入挂载点），“期望容量”设置为300MB，然后单击“添加挂载点”按钮，设置“文件系统”类型，默认文件系统类型为xfs，如图1–46所示。

② 创建交换分区。单击“+”按钮，选择“挂载点”为“swap”，文件系统类型设置为“swap”，“期望容量”一般设置为物理内存的两倍即可。

③ 用同样的方法创建其他分区。“/”分区大小为10GB，“/usr”分区大小为8GB，

"/home"分区大小为8GB，"/var"分区大小为8GB，"/tmp"分区大小为1GB。文件系统类型全部设置为"ext4"或者保持默认值。分区设置完成后的界面，如图1-47所示。

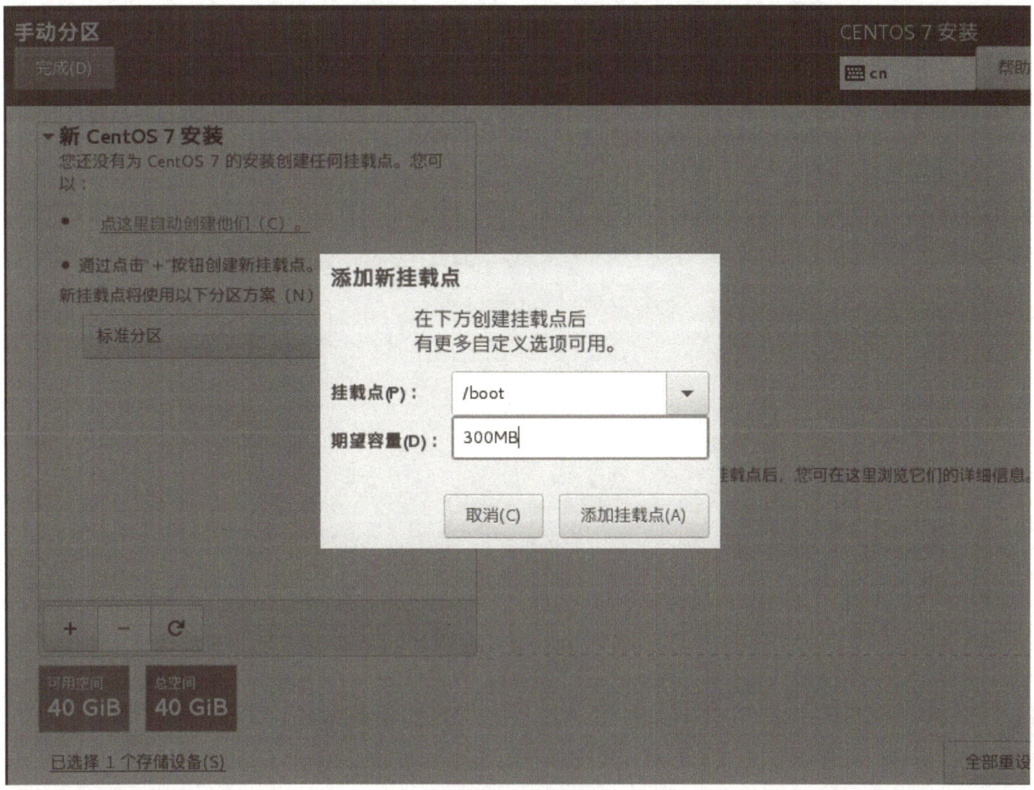

图 1-45

图 1-46

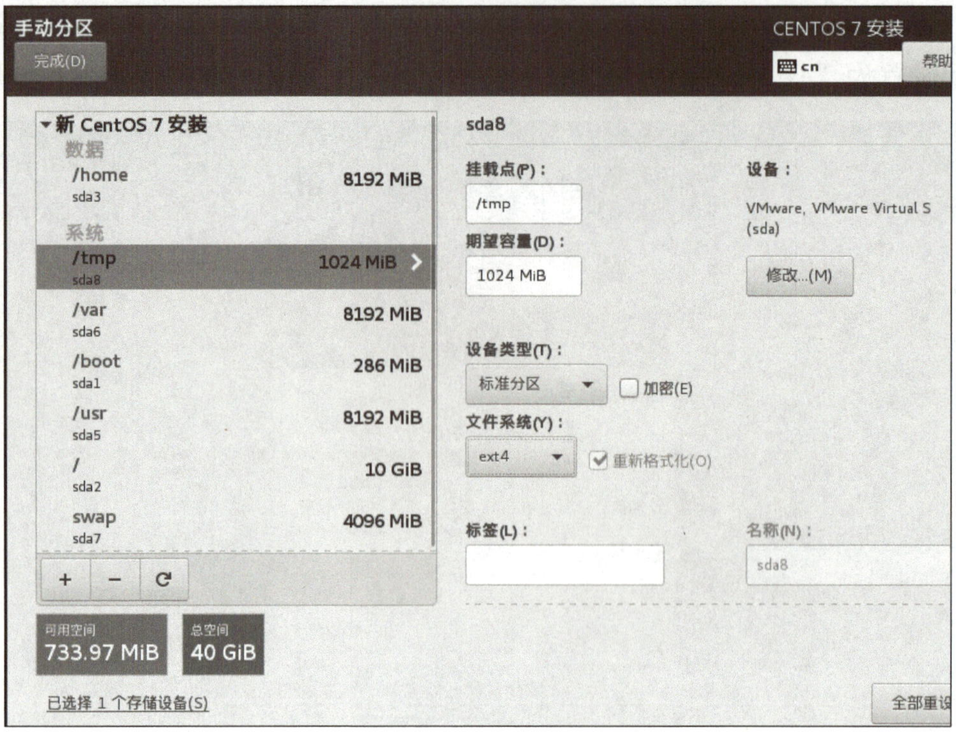

图 1-47

注意

不可与root分区分开的目录是/dev、/etc、/sbin、/bin和/lib，系统启动时，核心只载入一个分区，那就是“/”；核心启动要加载/dev、/etc、/sbin、/bin和/lib五个目录的程序，所以以上几个目录必须和“/”根目录在一起。

④ 单击左上角的“完成”按钮，然后单击“接受更改”按钮完成分区，如图1–48所示。

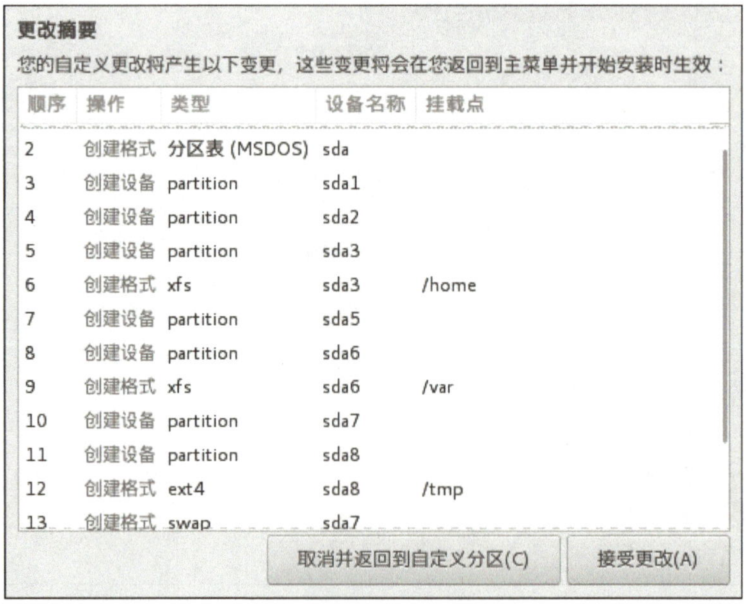
更改摘要

您的自定义更改将产生以下变更，这些变更将会在您返回到主菜单并开始安装时生效：

顺序	操作	类型	设备名称	挂载点
2	创建格式	分区表 (MSDOS)	sda	
3	创建设备	partition	sda1	
4	创建设备	partition	sda2	
5	创建设备	partition	sda3	
6	创建格式	xfs	sda3	/home
7	创建设备	partition	sda5	
8	创建设备	partition	sda6	
9	创建格式	xfs	sda6	/var
10	创建设备	partition	sda7	
11	创建设备	partition	sda8	
12	创建格式	ext4	sda8	/tmp
13	创建格式	swap	sda7	

取消并返回到自定义分区(C)　接受更改(A)

图 1-48

16）返回安装信息摘要界面，单击“开始安装”按钮后即可看到安装进度，然后单击“ROOT密码”按钮，如图1–49和图1–50所示。

图 1-49

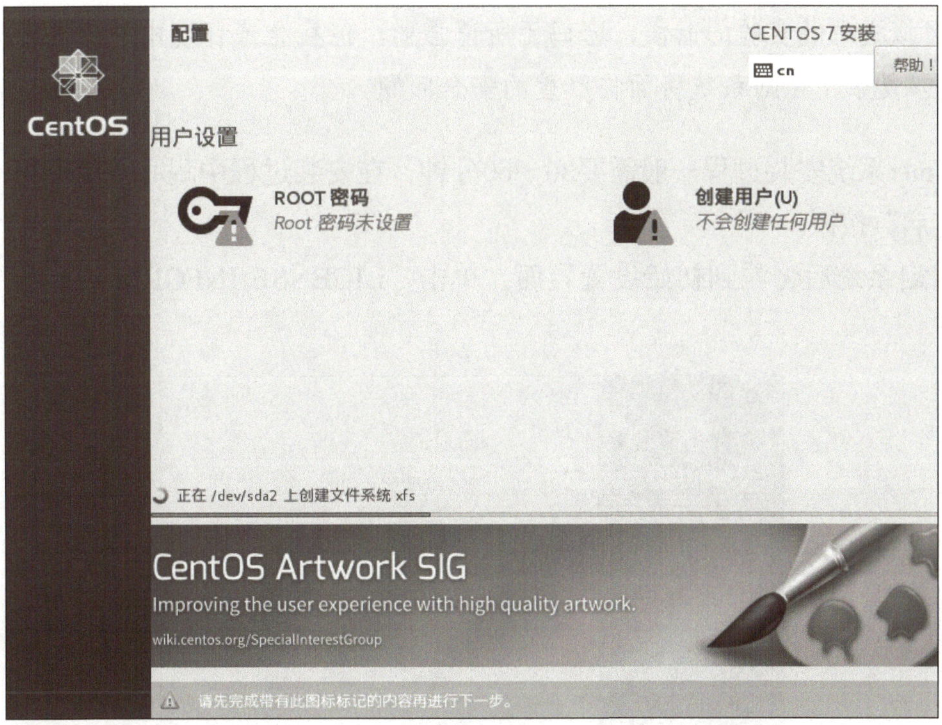

图 1-50

17）设置root管理员的密码。若坚持用弱口令的密码，则需要单击两次左上角的“完成”按钮才可以确认，如图1–51所示。

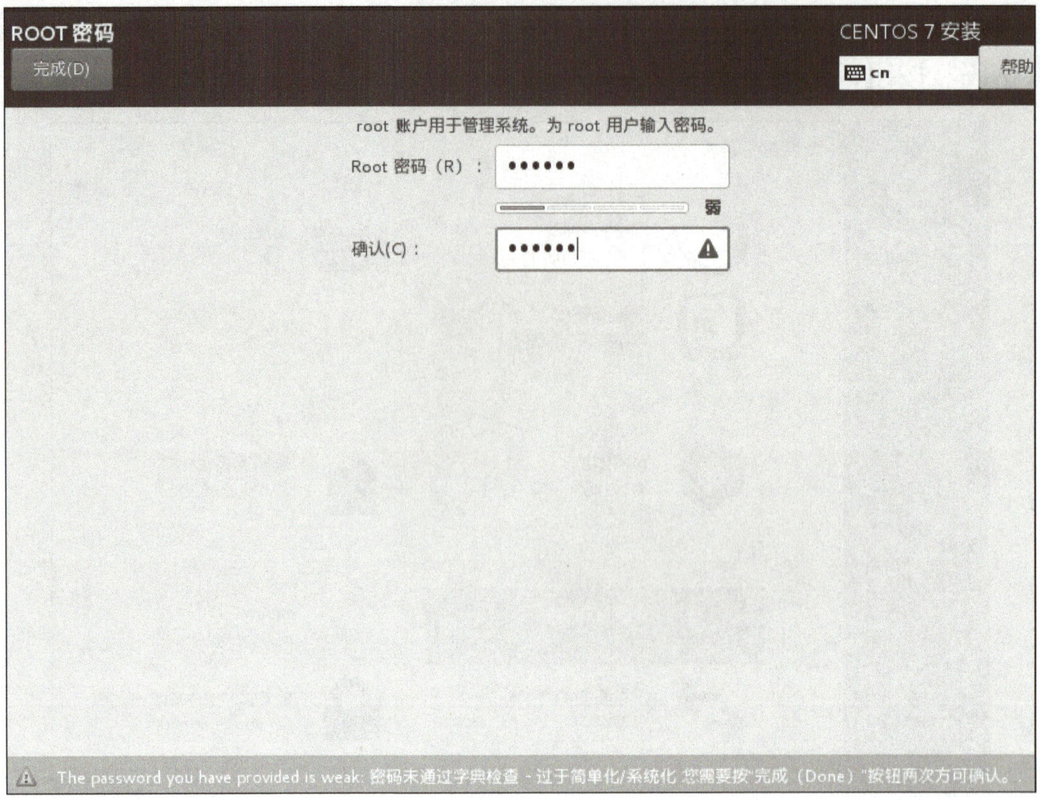

图 1-51

注意

当在虚拟机中做实验的时候，密码无所谓强弱，但在生产环境中一定要让root管理员的密码足够复杂，否则系统将面临严重的安全问题。

18）Linux系统安装过程一般需要30～60分钟，在安装过程中耐心等待即可。安装完成后单击“重启”按钮。

19）重启系统后将看到初始设置界面，单击“LICENSE INFORMATION”选项，如图1–52所示。

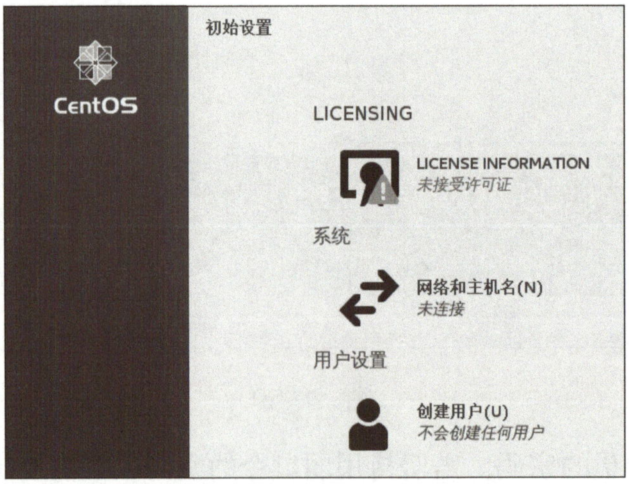

图 1-52

20）选中“我同意许可协议”复选框，然后单击左上角的“完成”按钮。

21）返回初始设置界面后单击“完成配置”选项。

22）虚拟机软件中的CentOS 7系统经过又一次的重启后，用户可以看到系统的欢迎界面。在界面中选择默认的语言“汉语”，然后单击“前进”按钮，如图1-53所示。

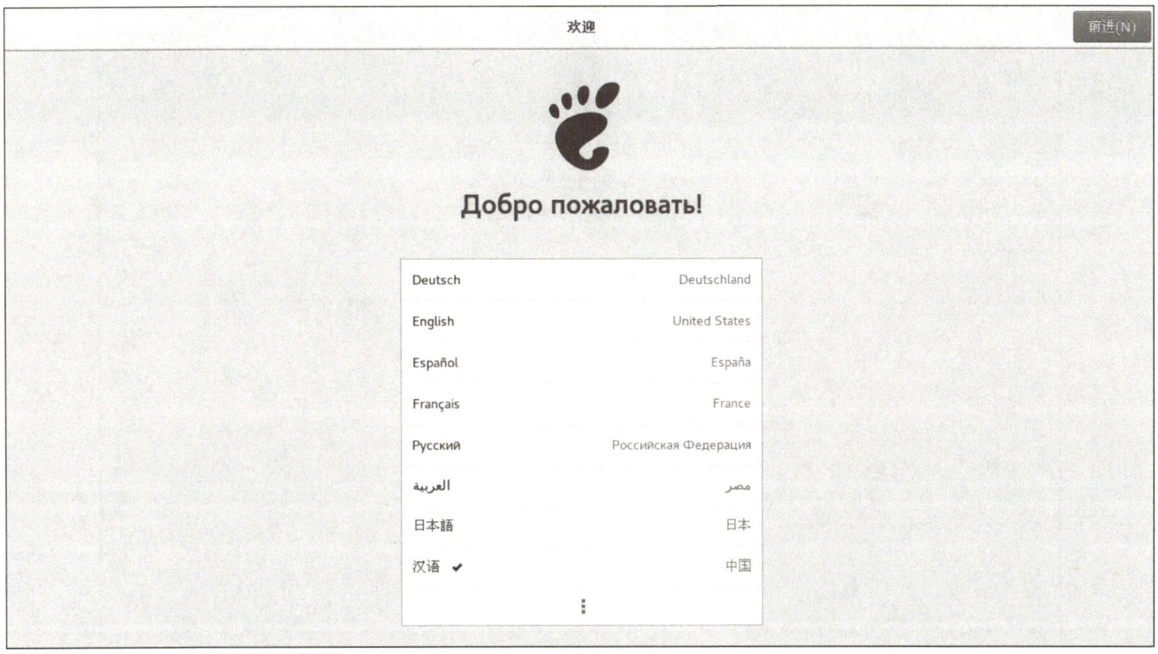

图 1-53

23）将系统的键盘布局或输入方式设置为“English（Australian）”，然后单击“前进”按钮，如图1-54所示。

图 1-54

24）设置系统的时区为（北京，中国），然后单击“前进”按钮。

25）为CentOS 7系统创建一个本地的普通用户，该账户的用户名为“yanfabu”，密码为数字、字母和标点符号的组合，然后单击“前进”按钮，如图1-55所示。

图 1-55

注意

若密码不满足复杂性要求，则无法进入下一步。

26）在系统初始化结束界面单击“开始使用CentOS Linux（S）”按钮后，出现系统的开始界面。至此，完成了CentOS 7系统全部的安装和部署工作，如图1-56和图1-57所示。

图 1-56

图 1-57

注意

初次安装完成后，务必使用VM中的“拍摄快照”功能进行系统备份，这样当系统出现错误设置时，可以快速还原到初始状态。

技能巩固

请根据前面学习到的知识和技能，完成下面的操作。

在VMware Workstation 15.5新增一台CentOS 7.4虚拟机，内存为2GB，硬盘为20GB，网络连接模式为“桥接模式”，安装语言使用“简体中文”，软件选择为“GUI图形界面”，磁盘分区选择“手动配置分区”。

活动4 重置root管理员密码

活动准备

1）启动虚拟机CentOS 7系统。

2）使用root账户登录系统。

活动要求

邕盛科技公司为了确保研发部的数据安全和保密，需要不定时更新系统的密码。现将崑盛科技公司研发部的CentOS 7系统root账户密码重置为yanfabu@123456，并使用新账户密码登录。

活动讨论

请问同学们，如果服务器账户显示无法用原密码登录，可以通过什么命令重置密码呢?

____

____

活动要点

1）cat/etc/centos-release命令，用于查看系统发行版本信息。

2）重启系统命令：reboot；或者单击右上角的“关机”按钮，选择“重启”选项。

3）当启动系统，主机出现引导界面时，按下<E>键可以启动紧急模式，进入“内核编辑”界面。

4）进入紧急救援模式后，输入“rd.break”参数，然后按<Ctrl+X>组合键，可以运行修改的内核程序。

5）挂载/sysroot目录，此目录是原始系统的根目录；“mount-o remount，rw/sysroot”命令用于挂载根目录；“chroot/sysroot”命令用于切换到根目录里；修改完成后一定要执行“touch/.autorelabel”，意思是修改selinux，否则密码修改不会成功；输入“exit”或者按<Ctrl+D>组合键退出，reboot重启系统后，就可以使用新密码重新登录。

6）passwd命令用于修改用户账户密码，超级用户可以为自己和其他用户设置密码，而普通用户只能为自己修改密码；为了系统安全，用户密码设置应选择包含字母、数字和特殊字符组合的复杂密码，且密码长度应至少包含8个字符；输入新密码时，因系统安全保护设置，不会显示输入的内容，需要重复输入2次完全一致的新密码，才算设置完成。

活动过程

1）输入命令“reboot”，按<Enter>键重启Linux系统，如图1-58所示。

图 1-58

2）出现如图1–59所示的引导界面时，按<E>键进入“内核编辑”界面。

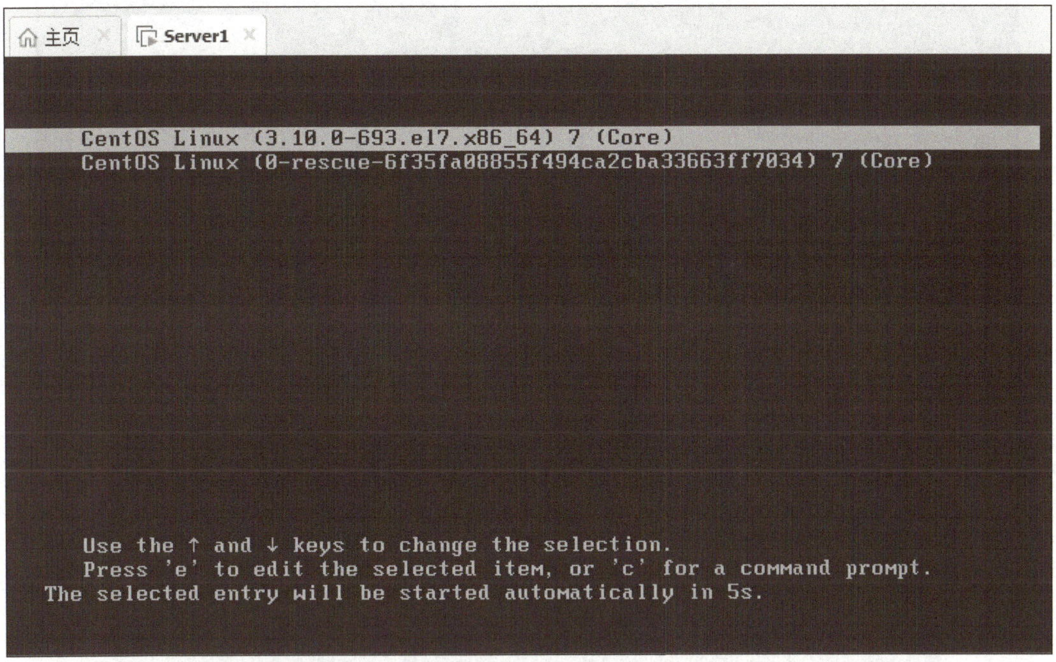

图 1-59

3）在“linux16”参数这一行的最后面加一个空格，追加输入“rd.break”参数，然后按<Ctrl+X>组合键运行修改过的内核程序，如图1–60所示。

4）大约过30秒后，进入系统的紧急救援模式，如图1–61所示。

5）在紧急模式下，输入命令，然后重启系统（注意，输入“passwd”后，输入密码和确认密码是不显示的），如图1–62所示。

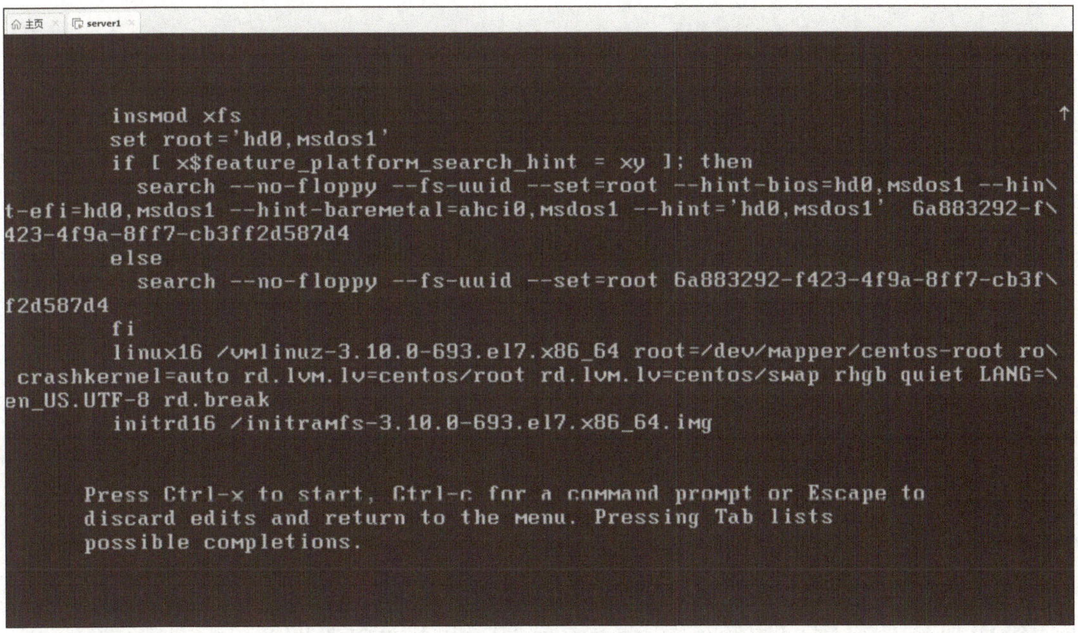

图 1-60

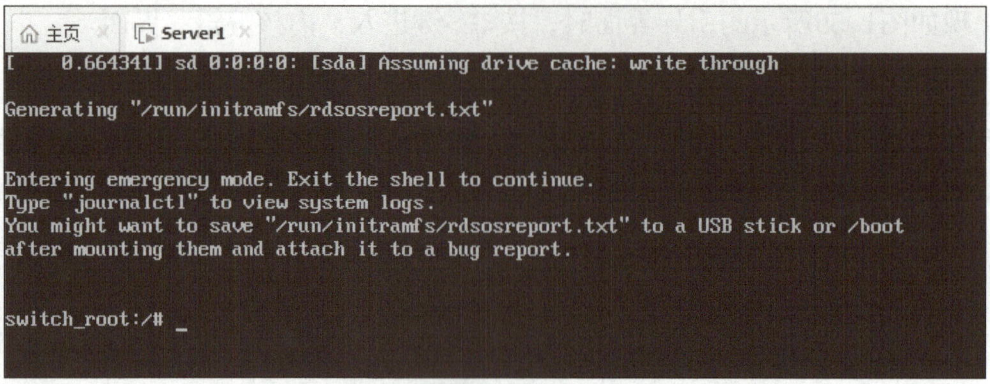

图 1-61

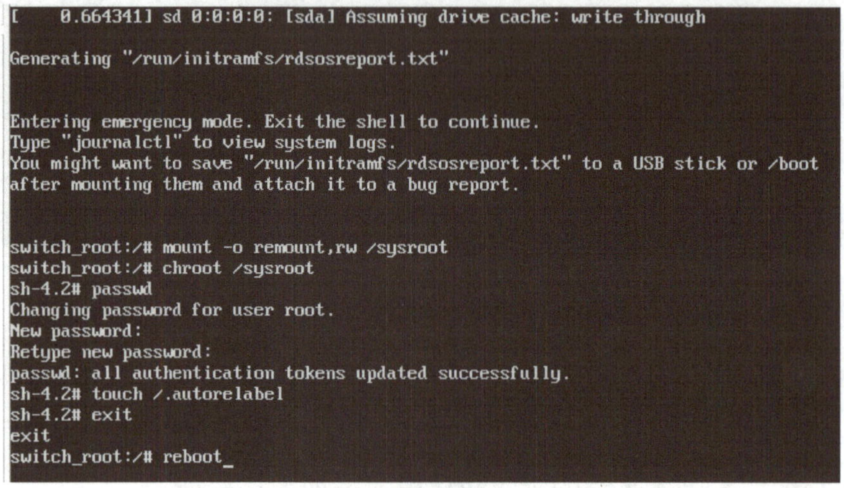

图 1-62

6）重新输入用户名“root”和新设置的密码就可以登录Linux系统了，如图1-63所示。

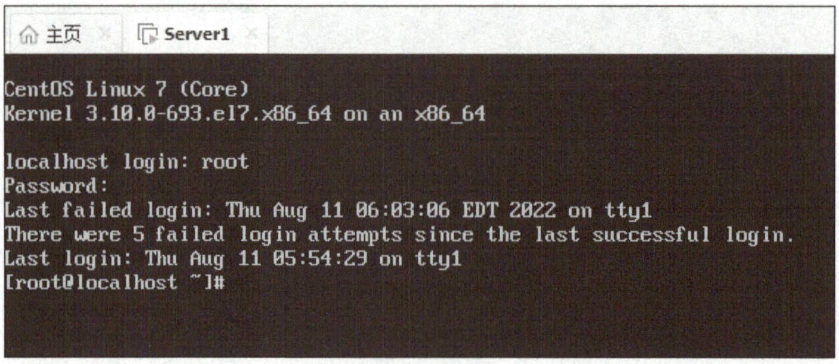

图 1-63

技能巩固

请根据前面学习到的知识和技能，完成下面的操作。

请将邕盛科技公司策划部的CentOS 7系统root账户密码重置为cehuabu@123456，并使用新用户密码登录。

考核评价

班级		姓名	
一、知识目标掌握情况（30分）			
评价内容	自评	互评	师评
1. 掌握虚拟机VMware Workstation Pro作用 2. 理解CentOS 7系统的优势 3. 理解root用户密码修改命令	□理解 10分 □基本理解 6分 □不理解 3分	□理解 10分 □基本理解 6分 □不理解 3分	□理解 10分 □基本理解 6分 □不理解 3分
二、能力目标掌握情况（60分）			
评价内容	自评	互评	师评
1. 能够正确安装VMware Workstation 2. 能够正确安装CentOS 7系统 3. 能够正确重置root用户密码	□完成 20分 □基本完成 15分 □未完成 5分	□完成 20分 □基本完成 15分 □未完成 5分	□完成 20分 □基本完成 15分 □未完成 5分
三、学生专业素质（10分）			
评价内容	自评	互评	师评
学习态度：认真听课、积极回答问题 基本素养：纪律好、正确使用手机、不迟到、不早退	□优秀 3分 □良好 2分 □合格 1分	□优秀 3分 □良好 2分 □合格 1分	□优秀 4分 □良好 3分 □合格 1分
总分	知识得分	能力得分	素质得分

任务2
配置Linux系统的网络

任务情境

崑盛科技公司的研发部、策划部和运营部均安装了一台Linux系统，研发部作为主服务器，策划部和运营部作为测试和辅助服务器。为了实现这三台Linux系统之间以及其与其他计算机间的正常通信，现在需要给它们设置网络参数、主机名、IP地址、子网掩码、默认网关和DNS服务器地址等。

学习目标

知识目标

- 掌握主机名设置的方法
- 理解网络配置的重要性
- 掌握主机名、IP地址、子网掩码、默认网关和DNS服务器地址配置的方法
- 了解网络测试工具ping的使用方法

能力目标

- 正确登录和退出系统
- 能够完成使用网卡配置文件来配置网络参数
- 能够完成使用nmcli命令配置网络参数
- 能够完成使用图形界面配置网络参数
- 能够完成使用ping命令测试网络连通性

素质目标

- 培养学生能够严格执行操作规程的能力
- 培养学生爱岗敬业、团结协作、积极沟通并养成优良的道德品质和文明习惯
- 培养学生自主探究学习和寻找解决问题办法的能力

知识储备

一、认识主机名

想一想

请同学们查阅本学习任务的知识及相关资料，讨论与思考，什么是主机名？设置主机名有什么作用？

____

____

主机名（也称为计算机名）是提供给连接到网络的设备（可以是系统、交换机、路由器等）的名称，用于通过网络对其进行标识。同一网络中不能有两个主机名相同的系统。Linux系统给当前主机命名的目的是能够更容易记住，尤其是在部署集群的时候更加方便。一般主机名称都会有IP地址来关联，这样，在其他集群中主机换IP其他集群机器不用相应修改。修改主机名的命令及说明见表2-1。

表2-1 修改主机名的命令及说明

命　令	说　明
hostname 主机名	临时修改主机名
bash	刷新
systemctl set-hostname 主机名	永久修改主机名

在CentOS 7中，有三种定义的主机名：

1）静态的（Static hostname）。“静态”主机名也称为内核主机名，是系统在启动时从/etc/hostname自动初始化的主机名。

2）瞬态的（Tansient hostname）。“瞬态”主机名是在系统运行时临时分配的主机名，例如，通过DHCP或mDNS服务器分配。

3）灵活的（Pretty hostname）。“灵活”主机名也有人叫作“别名”主机名。“灵活”主机名允许使用自由形式（包括特殊/空白字符）的主机名，并以此展示给终端用户。

“静态”主机名和“瞬态”主机名都遵从作为互联网域名同样的字符限制规则。

二、认识网卡配置文件

网卡IP地址配置正确是两台服务器相互通信的前提。在Linux系统中，一切都是文件，因此配置网络服务的工作其实就是在编辑网卡配置文件。

网卡IP地址配置的正确性是计算机间可以相互通信的前提。在CentOS 5、CentOS 6中，网卡配置文件的前缀是eth，第1块网卡为eth0，第2块网卡为eth1，以此类推。而在CentOS 7中，网卡配置文件的前缀则以ifcfg开始，加上网卡名称共同组成了网卡配置文件的名字，例如ifcfg-ens33；CentOS 7除了文件名变化外与前序操作系统没有其他大的区别。

想一想

请查阅本学习任务的知识及相关资料，讨论与思考，网卡配置文件位于什么目录下？文件名以什么开始？

____

____

三、查看网络配置

1. 查看网络接口信息，使用ifconfig命令

主机的网络接口卡（网卡）通常称为网络接口。在Linux操作系统中，使用ifconfig命令可以查看网络接口的地址配置信息（Interface Configuration），网络接口信息及说明见表2-2。

表2-2　网络接口信息及说明

行　　数	内容说明
第1行	以太网卡的名称ens33，其中en代表以太网卡 ens33代表PCI接口的物理位置为（0，3），其中横坐标代表bus，纵坐标代表slot UP：网络接口为启用状态（DOWN为关闭状态） RUNNING：代表网卡设备已连接 MULTICAST：表示支持组播 MTU：表示数据包最大传输单元
第2行	网卡的IP地址、子网掩码、广播地址
第3行	IPv6地址
第4行	Ethernet（以太网）表示连接类型，ether表示网卡的mac地址

注意

若采用的是mini版的CentOS 7 安装的系统，默认是没有ifconfig命令的，需要通过yum安装net-tools软件包才可以使用ifconfig 命令。

① 直接使用ifconfig命令。

② 单个查找ens33信息。

③ 查找全部的网络接口信息。

2. 修改网络配置文件

网络接口的配置文件默认位于“/etc/sysconfig/netwrok-scripts/ifcfg-ens33”，文件名格式为“ifcfg-xxx”，其中“xxx”是网络接口的名称。例如：网卡ens33的配置文件是“ifcfg-ens33”，回环接口lo的配置文件是“ifcfg-lo”，网络配置文件的命令及说明见表2-3。

表2-3 网络配置文件的命令及说明

命 令	说 明
TYPE="Ethernet"	设置网卡类型，Ethernet表示以太网
BOOTPROTO="dhcp"	设置网络接口的配置方式，dhcp动态的方式获取地址
NAME=ens33	设置网络接口的名称
UUID="******"	设备ID
ONBOOT="yes/no"	设置网络接口是否在Linux操作系统启动时自启
IPADDR=*.*.*.*	设置网络接口的IP地址
NETMASK=*.*.*.*	设置网络接口的子网掩码
GATEWAY=*.*.*.*	设置网络接口的默认网关地址
DNS=*.*.*.*	设置域名解析服务器

在CentOS 7 操作系统中，当修改了网络接口的配置文件以后，若要使新的配置生效，可以重新启动network服务或者重启主机，见表2-4。

注意

建议关闭NetworkManager服务，否则有时启动network会报错。

表2-4 重新启动网络服务命令及说明

命 令	说 明
systemctl restart network	重新加载网络
systemctl stop NetworkManager	关闭NetworkManager服务
systemctl disable NetworkManager	开机不自启

做一做

请查阅本学习任务知识及相关资料，讨论与思考。

1）如何将网络接口的配置方式从dhcp动态的方式获取地址修改为静态的方式设置地址。

____

____

2）请将网络配置文件的命令参数与对应的解释说明进行连线。

IPADDR	子网掩码
TYPE	网关地址
GATEWAY	IP地址
NAME	网卡名称
NETMASK	网卡类型

小贴士

Linux 系统命令的操作必须遵循语法结构，否则就会出现配置错误提示，最终导致操作失败。所谓无规则不成方圆，希望同学们在今后的学习生活中，做一名遵纪守法的好公民。规章制度不容忽视，如果不遵守法律法规，将会付出相应的代价。

活动1 登录与退出系统及设置主机名

活动准备

1）启动三台虚拟机CentOS 7系统。

2）登录系统，管理员为root，密码是123456。

活动要求

邕盛科技公司的研发部、策划部和运营部均安装了一台Linux系统，现在需要分别登录系统并设置主机名依次为server1、server2、server3。

活动讨论

请同学们查阅本活动知识及相关资料，思考讨论，如何修改主机名？

____

____

活动要点

1. 登录与退出系统

1）登录系统。在localhost login输入账号“root”，在password中输入密码。

2）退出系统。在终端中输入“shutdown–Pnow”，或者使用鼠标选择菜单栏中的“关机”。

2. 设置主机名nmtui、hostname和nmcli命令

nmtui命令进入图形界面设置主机名，hostname命令临时修改主机名，nmcli general hostname命令设置主机名。

活动过程

1）登录系统。输入账户为“root”，密码为“123456”，密码是不显示的，如图2–1所示。

2）使用nmtui命令将“研发部”的Linux系统的主机名修改为server1。

```
[root@localhost~]#nmtui
```

在弹出的界面中，切换键盘的上、下键来选中需要设置的选项，然后按<Enter>键，如图2–2所示。

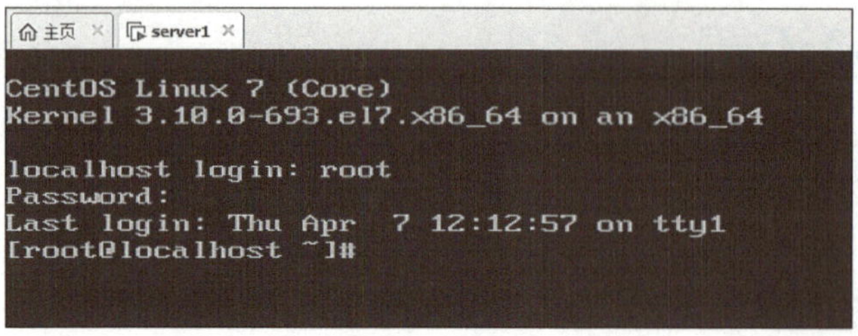

图 2-1

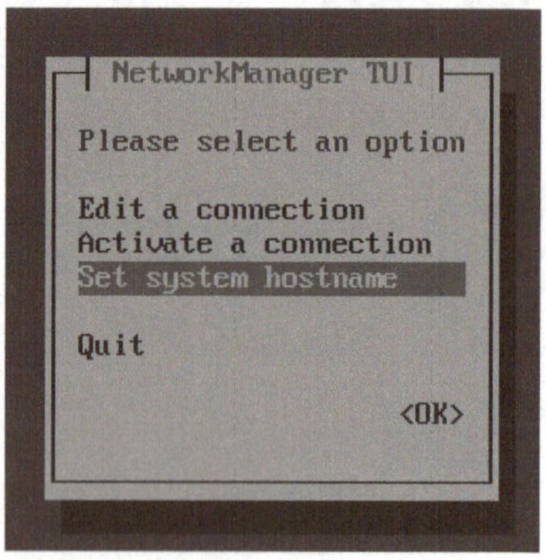

图 2-2

在弹出的界面中，输入主机名“server1”，使用键盘的上、下、左、右键选中“OK”，然后按<Enter>键，再继续选中“Quit”退出到当前用户的主目录，如图2–3和图2–4所示。

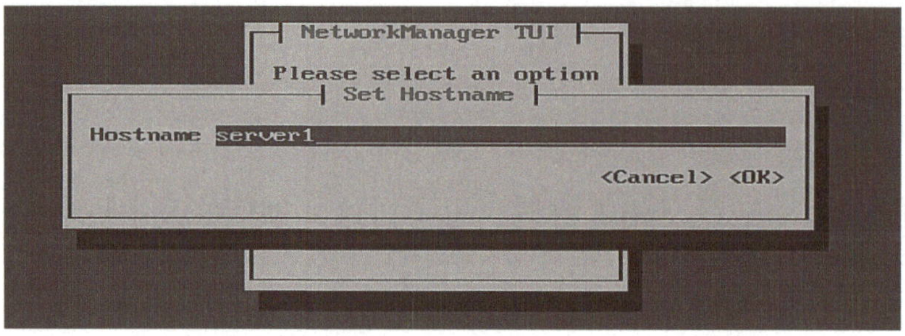

图 2-3

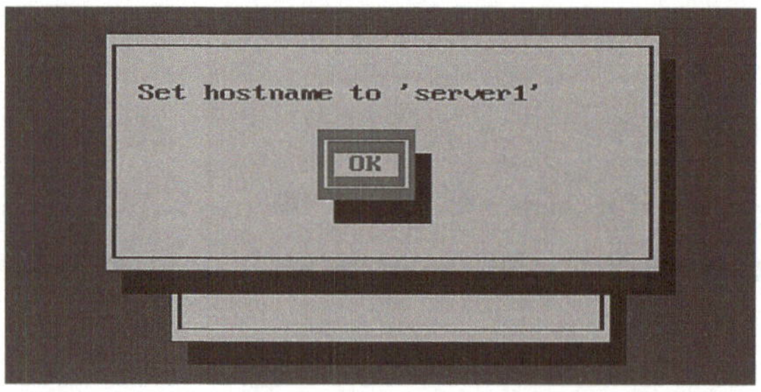

图 2-4

使用networkmanage的nmtui界面修改了静态主机名后（/etc/hostname文件），不会通知hostnamectl，要想强制让hostnamectl知道静态主机名已经被修改，需要重启hostnamed服务，命令如下。

```
[root@localhost~]#systemctl restart systemd-hostnamed
```

3）退出系统。重新输入账户和密码登录系统，可以看见切换到新的主机名“server1”，如图2–5所示。退出系统命令如下。

```
[root@localhost~]#exit
server1 login:root                                          //输入root账户
password:                                                   //输入密码，密码是不显示的
```

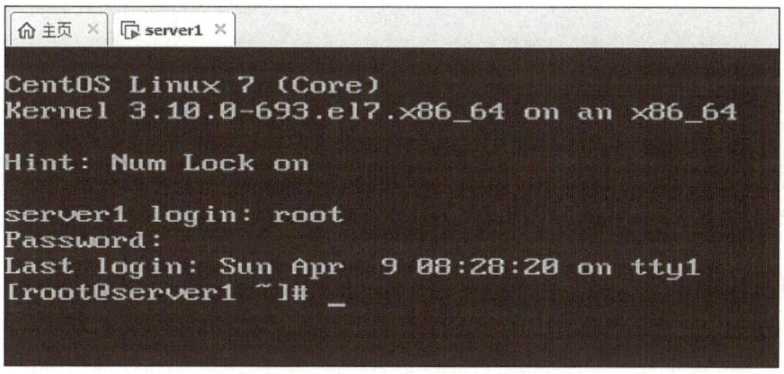

图 2-5

4）使用hostname命令将“策划部”的Linux系统的主机名修改为server2。

```
[root@localhost~]#hostname                                  //查看主机名
[root@localhost~]#hostname  server2                         //设置主机名
[root@localhost~]#hostname
server2
```

注意

需要退出系统重新登录才可以应用新修改的主机名，方法同上。

5）使用nmcli命令将“运营部”的Linux系统的主机名修改为server3。

```
[root@localhost~]#nmcli general hostname                    //查看主机名
[root@localhost~]#nmcli general hostname  server3           //设置主机名
[root@localhost~]#nmcli general hostname
server3
[root@localhost~]#systemctl restart system–hostnamed
//重启hostnamed服务让hostnamectl知道静态主机名已经被修改
```

注意

需要退出系统重新登录才可以应用新修改的主机名，方法同上。

技能巩固

请根据前面学习到的知识和技能，完成下面的操作。

1）设置主机名为自己姓名的拼音，并查看新设置的主机名。可以用“hostname+主机名称”的格式命令；也可以使用“nmtui”修改主机名，将主机名改为“server”。

2）使用numtui命令将server1的主机名修改为yanfabu；使用hostname命令将server2的主机名修改为cehuabu；使用nmcli命令将server3的主机名修改为yunyingbu。

活动2 使用网卡配置文件配置网络

活动准备

1）启动两台虚拟机server1和Windows 10。

2）登录两台虚拟机系统。

3）两台虚拟机的网络连接模式：NAT模式，设置VMnet8虚拟网卡的参数，IP地址为192.168.100.8/24，网关地址为192.168.100.254，DNS地址为192.168.100.100。

活动要求

为了实现邕盛科技公司研发部的server1主机与其他部门的主机进行网络通信，现在需要通过使用网卡配置文件配置server1的网络参数，包括IP地址、子网掩码、网关地址及DNS地址等。server1的IP地址为192.168.100.100/24，网关地址为192.168.100.254，DNS地址为192.168.100.100。

活动讨论

请查阅本活动知识及相关资料，思考讨论，如何使用网卡配置文件配置网络参数。

____

____

活动要点

网卡配置文件常用命令参数见表2-5。

表2-5 网卡配置文件常用命令参数

名　称	命令参数
设备类型	TYPE=Ethernet
地址分配模式	BOOTPROTO=static
网卡名称	NAME=ens33
是否启动网卡	ONBOOT=yes
IP地址	IPADDR=192.168.100.100
子网掩码	NETMASK=255.255.255.0
网关地址	GATEWAY=192.168.100.254
DNS地址	DNS=192.168.100.100

活动过程

1）查看网卡文件，命令如下。结果如图2-6所示。

```
[root@server1 ~]#cd /etc/sysconfig/network-scripts/
[root@server1 network-scripts]#ll
```

```
total 224
-rw-r--r--. 1 root root   368 Apr  4 11:31 ifcfg-ens33
-rw-r--r--. 1 root root   254 May  3  2017 ifcfg-lo
lrwxrwxrwx. 1 root root    24 Jan  2  2022 ifdown -> ../../../usr/sbin/ifdown
-rwxr-xr-x. 1 root root   654 May  3  2017 ifdown-bnep
-rwxr-xr-x. 1 root root  6571 May  3  2017 ifdown-eth
-rwxr-xr-x. 1 root root   781 May  3  2017 ifdown-ippp
-rwxr-xr-x. 1 root root  4540 May  3  2017 ifdown-ipv6
lrwxrwxrwx. 1 root root    11 Jan  2  2022 ifdown-isdn -> ifdown-ippp
-rwxr-xr-x. 1 root root  1768 May  3  2017 ifdown-post
-rwxr-xr-x. 1 root root  1068 May  3  2017 ifdown-ppp
-rwxr-xr-x. 1 root root   870 May  3  2017 ifdown-routes
-rwxr-xr-x. 1 root root  1456 May  3  2017 ifdown-sit
-rwxr-xr-x. 1 root root  1621 Aug  3  2017 ifdown-Team
-rwxr-xr-x. 1 root root  1556 Apr 15  2016 ifdown-TeamPort
-rwxr-xr-x. 1 root root  1462 May  3  2017 ifdown-tunnel
lrwxrwxrwx. 1 root root    22 Jan  2  2022 ifup -> ../../../usr/sbin/ifup
-rwxr-xr-x. 1 root root 12312 May  3  2017 ifup-aliases
-rwxr-xr-x. 1 root root   910 May  3  2017 ifup-bnep
-rwxr-xr-x. 1 root root 12680 May  3  2017 ifup-eth
-rwxr-xr-x. 1 root root 12075 May  3  2017 ifup-ippp
-rwxr-xr-x. 1 root root 11893 May  3  2017 ifup-ipv6
lrwxrwxrwx. 1 root root     9 Jan  2  2022 ifup-isdn -> ifup-ippp
-rwxr-xr-x. 1 root root   650 May  3  2017 ifup-plip
-rwxr-xr-x. 1 root root  1064 May  3  2017 ifup-plusb
-rwxr-xr-x. 1 root root  3433 May  3  2017 ifup-post
-rwxr-xr-x. 1 root root  4154 May  3  2017 ifup-ppp
-rwxr-xr-x. 1 root root  2001 May  3  2017 ifup-routes
-rwxr-xr-x. 1 root root  3303 May  3  2017 ifup-sit
-rwxr-xr-x. 1 root root  1755 Apr 15  2016 ifup-Team
-rwxr-xr-x. 1 root root  1876 Apr 15  2016 ifup-TeamPort
-rwxr-xr-x. 1 root root  2711 May  3  2017 ifup-tunnel
-rwxr-xr-x. 1 root root  1836 May  3  2017 ifup-wireless
-rwxr-xr-x. 1 root root  5419 May  3  2017 init.ipv6-global
-rw-r--r--. 1 root root 18919 May  3  2017 network-functions
-rw-r--r--. 1 root root 31027 May  3  2017 network-functions-ipv6
```

图 2-6

2）使用vi编辑器修改网卡文件“ifcfg-ens33”，命令如下。

```
[root@server1 network-scripts]#vi ifcfg-ens33
```

进入网卡配置文件，如图2-7所示，按<I>键进入插入模式，开始输入或修改参数，如图2-8所示，最后按<ESC>键切换成退出模式，继续输入“:wq”保存退出。

3）重启网络服务并查看网卡信息，命令如下。

```
[root@server1 network-scripts]#systemctl restart network
```

4）查看网卡信息，命令如下。结果如图2-9所示。

```
[root@server1 network-scripts]#cat ifcfg-ens33
```

5）使用ping命令测试网络连通性。设置Windows 10的IP地址为192.168.100.101/24（前面的课程已经学习过如何在Windows系统配置网络）。

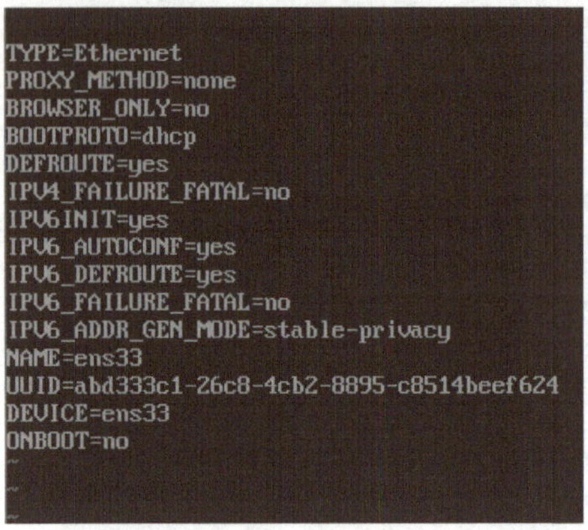
```
TYPE=Ethernet
PROXY_METHOD=none
BROWSER_ONLY=no
BOOTPROTO=dhcp
DEFROUTE=yes
IPV4_FAILURE_FATAL=no
IPV6INIT=yes
IPV6_AUTOCONF=yes
IPV6_DEFROUTE=yes
IPV6_FAILURE_FATAL=no
IPV6_ADDR_GEN_MODE=stable-privacy
NAME=ens33
UUID=abd333c1-26c8-4cb2-8895-c8514beef624
DEVICE=ens33
ONBOOT=no
```

图 2-7

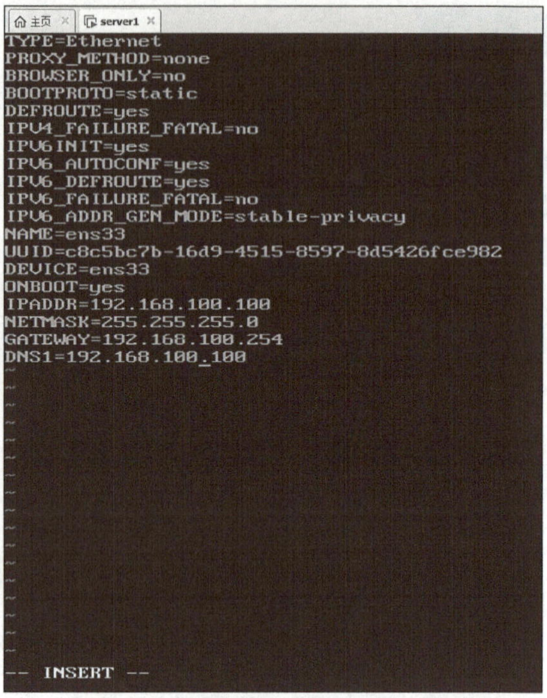
```
TYPE=Ethernet
PROXY_METHOD=none
BROWSER_ONLY=no
BOOTPROTO=static
DEFROUTE=yes
IPV4_FAILURE_FATAL=no
IPV6INIT=yes
IPV6_AUTOCONF=yes
IPV6_DEFROUTE=yes
IPV6_FAILURE_FATAL=no
IPV6_ADDR_GEN_MODE=stable-privacy
NAME=ens33
UUID=c8c5bc7b-16d9-4515-8597-8d5426fce982
DEVICE=ens33
ONBOOT=yes
IPADDR=192.168.100.100
NETMASK=255.255.255.0
GATEWAY=192.168.100.254
DNS1=192.168.100.100
-- INSERT --
```

图 2-8

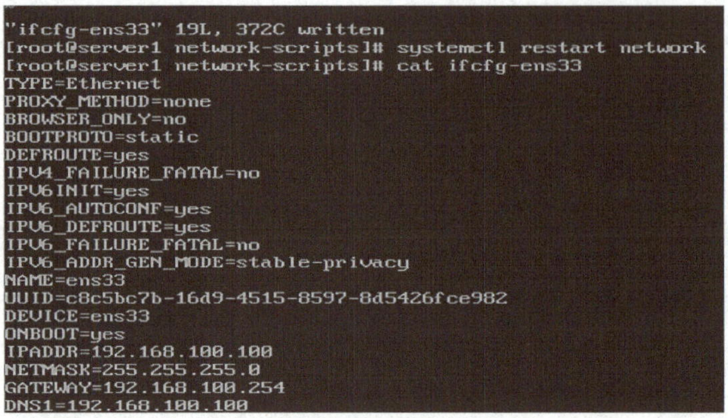
```
"ifcfg-ens33" 19L, 372C written
[root@server1 network-scripts]# systemctl restart network
[root@server1 network-scripts]# cat ifcfg-ens33
TYPE=Ethernet
PROXY_METHOD=none
BROWSER_ONLY=no
BOOTPROTO=static
DEFROUTE=yes
IPV4_FAILURE_FATAL=no
IPV6INIT=yes
IPV6_AUTOCONF=yes
IPV6_DEFROUTE=yes
IPV6_FAILURE_FATAL=no
IPV6_ADDR_GEN_MODE=stable-privacy
NAME=ens33
UUID=c8c5bc7b-16d9-4515-8597-8d5426fce982
DEVICE=ens33
ONBOOT=yes
IPADDR=192.168.100.100
NETMASK=255.255.255.0
GATEWAY=192.168.100.254
DNS1=192.168.100.100
```

图 2-9

6）在Windows 10系统中打开命令提示符窗口，输入ping 192.168.100.100，测试效果如图2-10所示。

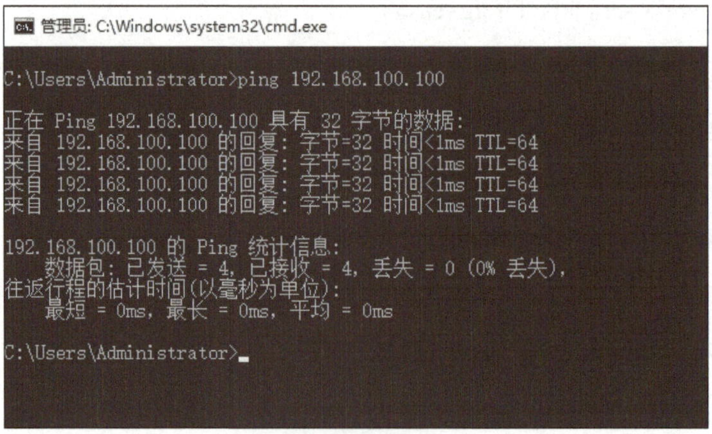
```
管理员: C:\Windows\system32\cmd.exe

C:\Users\Administrator>ping 192.168.100.100

正在 Ping 192.168.100.100 具有 32 字节的数据:
来自 192.168.100.100 的回复: 字节=32 时间<1ms TTL=64
来自 192.168.100.100 的回复: 字节=32 时间<1ms TTL=64
来自 192.168.100.100 的回复: 字节=32 时间<1ms TTL=64
来自 192.168.100.100 的回复: 字节=32 时间<1ms TTL=64

192.168.100.100 的 Ping 统计信息:
    数据包: 已发送 = 4, 已接收 = 4, 丢失 = 0 (0% 丢失),
往返行程的估计时间(以毫秒为单位):
    最短 = 0ms, 最长 = 0ms, 平均 = 0ms

C:\Users\Administrator>
```

图 2-10

技能巩固

请根据前面学习到的知识和技能，完成下面的操作。

请使用网卡配置文件将server1主机的IP地址设置为172.16.10.10/24，网关地址为172.16.10.254，DNS地址为172.16.10.10，在Windows 10中测试与server1的连通性情况。

活动3 使用nmcli命令配置网络

活动准备

1）启动两台虚拟机server2和Windows 10。

2）登录两台虚拟机系统。

3）两台虚拟机的网络连接模式：NAT模式，设置VMnet8虚拟网卡的参数，IP地址为192.168.100.8/24，网关地址为192.168.100.254，DNS地址为192.168.100.100。

活动要求

为了实现邕盛科技公司策划部的server2主机与其他部门的主机进行网络通信，现在需要通过使用nmcli命令配置server2的网络参数，包括IP地址、子网掩码、网关地址及DNS地址等。server2的IP地址为192.168.100.110/24，网关地址为192.168.100.254，DNS地址为192.168.100.100。

活动讨论

请同学们查阅本活动知识及相关资料，思考讨论，如何使用nmcli命令配置网络参数。

____

____

活动要点

使用nmcli命令配置网络。nmcli常用命令和功能见表2-6。

表2-6　nmcli常用命令和功能

常用命令	功能
nmcli connetion show	显示所有连接
nmcli connetion show - active	显示所有活动的连接状态
nmcli connetion show ens33	显示网络连接配置
nmcli device status	显示设备状态
nmcli device show ens33	显示网络接口属性
nmcli connetion reload	重新加载网络配置文件

（续）

常用命令	功能
nmcli connetion down ens33	禁用ens33的配置，注意一个网卡可以有多个配置
nmcli connetion up ens33	启用ens33的配置
nmcli device disconnect ens33	禁用ens33物理网卡
nmcli device connect ens33	启用ens33网卡

nmcli命令修改网络连接常用参数及说明见表2-7。

表2-7 修改网络连接参数及说明

参数	说明
Modify	修改网卡配置文件
\	将命令换行继续输入
Ipv4.addresses	指定IPv4地址
Ipv4.dns	指定DNS服务器地址
nmcli connection up ens33	启用ens33的修改配置

活动过程

1）查看系统已有的网络连接。

```
[root@server2~]#nmcli connection show
```

2）查看ens33网络连接配置。

```
[root@server2~]#nmcli connection show ens33
```

3）设置网络连接。将server2主机的IP地址设置为“192.168.100.110/24”，DNS服务器地址改为“192.168.100.100”。

```
[root@server2~]#nmcli connection modify ens33 \
>ipv4.addresses 192.168.100.110/24 \
>ipv4.dns 192.168.100.100 \
>gw4 192.168.100.254 \
>ipv4.method manual autoconnect yes
```

4）启用ens33的修改配置。

```
[root@server2~]#nmcli connection up ens33
```

5）查看网卡配置文件。

```
[root@server2~]#cd  /etc/sysconfig/network-scripts/
[root@server2 network-scripts]#cat  ifcfg-ens33
```

6）在Windows 10主机使用ping命令测试网络连通性，打开命令提示符窗口输入“ping 192.168.100.110”，如图2-11所示。

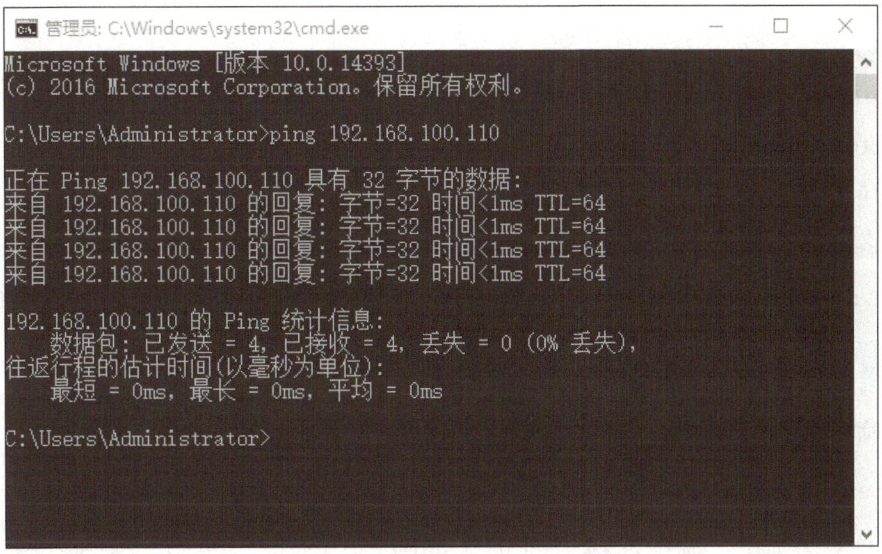

图 2-11

技能巩固

请根据前面学习到的知识和技能，完成下面的操作。

请使用nmcli命令将server2主机的IP地址设置为172.16.10.20/24，网关地址为172.16.10.254，DNS地址为172.16.10.10，在Windows 10测试与server2的连通性情况。

活动4 使用图形界面配置网络

活动准备

1）启动两台虚拟机server3和Windows 10。

2）登录系统。

3）两台虚拟机的网络连接模式：NAT模式，设置VMnet8虚拟网卡的参数，IP地址为192.168.100.8/24，网关地址为192.168.100.254，DNS地址为192.168.100.100。

活动要求

为了实现邕盛科技公司运营部的server3主机与其他部门的主机进行网络通信，现在需要通过使用图形界面配置server3的网络参数，包括IP地址、子网掩码、网关地址及DNS地址等，server3的IP地址为192.168.100.120/24，网关地址为192.168.100.254，DNS地址为192.168.100.100。

活动讨论

请同学们查阅本活动知识及相关资料，思考讨论，如何使用图形界面配置网络？

____

____

活动要点

1）执行nmtui命令进入图形用户界面。

2）使用Edit a connection：编辑连接。

3）选择网卡名称ens33，再进行编辑。

4）把网络IPv4的配置方式改为Manual，然后填入IP地址、网关、DNS等信息。

5）Activate a connection：激活连接。配置完成后重启网络服务，最后测试网络的连通性。

活动过程

1）在终端中执行“nmtui”命令，进入图形配置界面。

```
[root@server3~]# nmtui
```

2）按<Tab>键选择“编辑连接”选项，如图2-12所示，然后按<Enter>键进入配置界面，按<Tab>键选择要编辑的网卡名称后按<Enter>键。

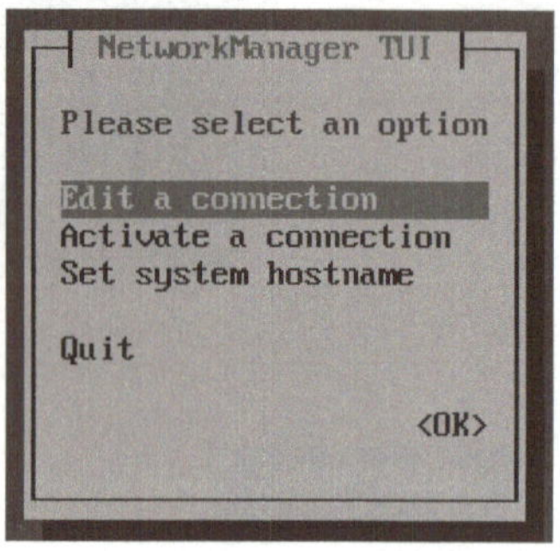

图 2-12

3）按<Tab>键选择“编辑”选项，如图2-13所示，然后按<Enter>键进入配置界面。

4）若在“手动”选项上按<Enter>键将调出IPv4配置模式的各个选项；若在“隐藏”选项上按<Enter>键将隐藏IPv4的配置；若在“显示”选项上按<Enter>键，将会再次显示IPv4信息配置框，如图2-14所示。

图 2-13

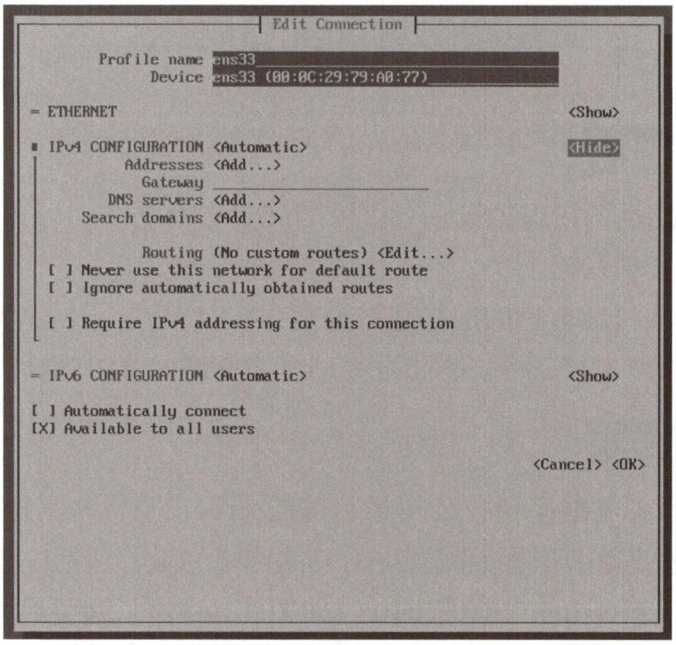

图 2-14

5）在服务器主机的网络配置信息中输入IP地址192.168.100.120/24等信息，结束后在“确定”选项上按<Enter>键保存配置，如图2-15所示。

6）在“返回”选项上按<Enter>键，返回nmtui图形界面初始状态，在“启用连接”选项上按<Enter>键，如图2-16所示。

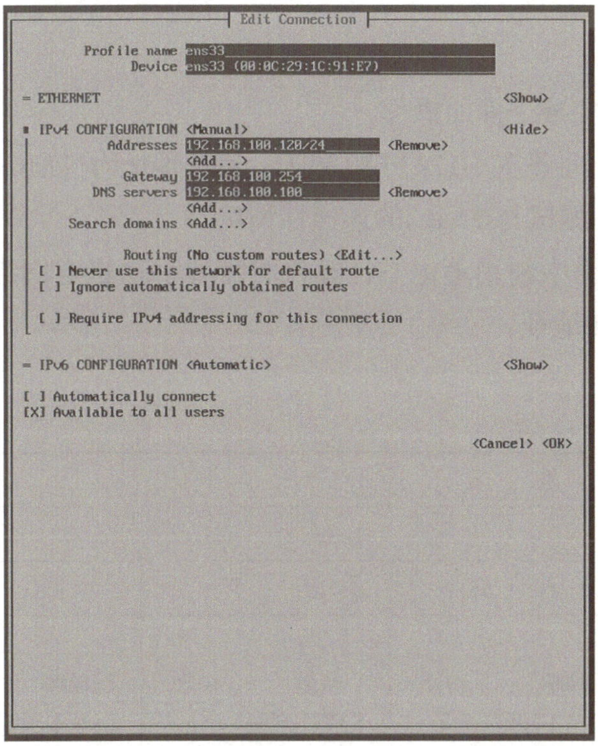

图 2-15

图 2-16

7）启用刚才的有线连接“ens33”。前面有“*”符号表示已激活，如图2–17所示。

8）至此，在server3主机上的图形界面配置网络就完成了。

9）选择“返回”，使用“ifconfig”命令查看网络配置的结果。

10）在Windows 10客户端的命令提示符窗口输入“ping 192.168.100.120”，测试连通性，如图2–18所示。

图 2-17

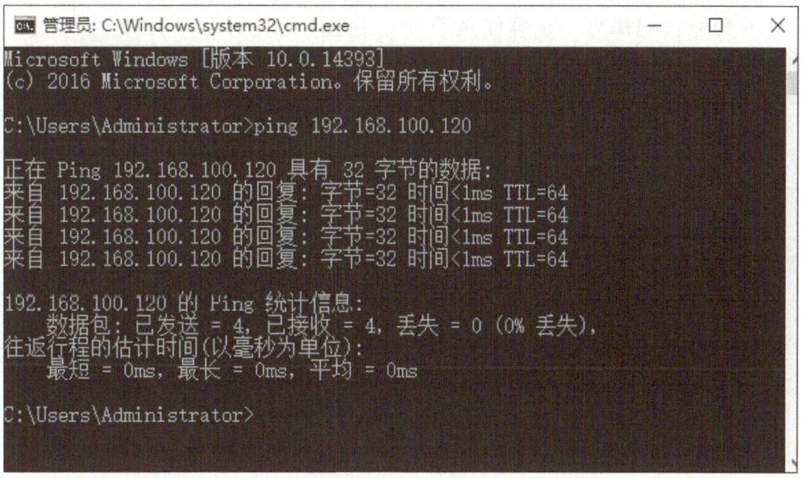

图 2-18

技能巩固

请根据前面学习到的知识和技能，完成下面的操作。

1）使用图形界面将server3主机的IP地址设置为172.16.10.30/24，网关地址为172.16.10.254，DNS地址为172.16.10.10，在Windows 10测试与server3的连通性情况。

2）创建网络会话实例。在公司网络中使用笔记本计算机时需要手动指定网络的IP地址，而回到家中则使用DHCP自动获取IP地址。

考核评价

班　级		姓　名				
一、知识目标掌握情况（30分）						
评 价 内 容		自　评		互　评		师　评
1. 掌握主机名设置的方法 2. 理解网络配置的重要性 3. 掌握主机名、IP地址、子网掩码、默认网关和DNS服务器地址配置的方法 4. 了解网络测试工具ping的使用方法		□理解　10分 □基本理解　6分 □不理解　3分		□理解　10分 □基本理解　6分 □不理解　3分		□理解　10分 □基本理解　6分 □不理解　3分
二、能力目标掌握情况（60分）						
评 价 内 容		自　评		互　评		师　评
1. 正确登录和退出系统 2. 能够完成使用网卡配置文件来配置网络参数 3. 能够完成使用nmcli命令配置网络参数 4. 能够完成使用图形界面配置网络参数 5. 能够完成使用ping命令测试网络连通性		□完成　20分 □基本完成　15分 □未完成　5分		□完成　20分 □基本完成　15分 □未完成　5分		□完成　20分 □基本完成　15分 □未完成　5分
三、学生专业素质（10分）						
评 价 内 容		自　评		互　评		师　评
学习态度：认真听课、积极回答问题 基本素养：纪律好、正确使用手机、不迟到、不早退		□优秀　3分 □良好　2分 □合格　1分		□优秀　3分 □良好　2分 □合格　1分		□优秀　4分 □良好　3分 □合格　1分
总分		知识得分		能力得分		素质得分	

任务3
配置与管理用户和组群

任务情境

崑盛科技公司搭建的Linux是一个支持多任务，支持多用户同时登录到系统使用系统资源的操作系统。为了公司各部门员工的工作顺利进行，保护每个员工的文件和进程，规范各部门员工的权限，以及区分不同的员工身份，需要在Linux系统创建员工用户账户和所属部门的组群。

学习目标

✍ 知识目标

- 掌握用户账户和组群的功能作用
- 理解用户账户和组群文件
- 掌握文件目录类命令的操作方法

✍ 能力目标

- 能够正确使用文件目录类命令
- 能够正确创建用户账户和组群
- 能够正确设置用户账户密码
- 能够正确修改、删除和管理账户及组群

✍ 素质目标

- 培养学生的职业精神、工匠精神，使学生形成职业自豪感
- 培养学生自主探究、团队合作的能力

知识储备

一、文件目录类命令

想一想

请同学们查阅本学习任务的知识及相关资料，讨论与思考，什么是相对路径和绝对路径？

____

____

1. Linux命令的特点

在Linux操作系统中，命令区分大小写。在命令行中，可以按<Tab>键来自动补齐命令，即只输入命令的前面几个字符，然后按<Tab>键补齐。另外，利用向上或向下的方向键，可以翻查执行过的命令，并可以再次执行。如果要在一个命令行上输入和执行多条命令，则可以使用分号来分隔命令，如“cd /;ls”。如果要断开一个长命令，则可以使用“\”。它可以将一个较长的命令分成多行表达，增强命令的可读性。

2. 相对路径和绝对路径

相对路径在输入路径时，最前面不是“/”或者“~”，表示相对当前目录所在的目录位置。

绝对路径在输入路径时，最前面是“/”或者“~”，表示从根目录/家目录开始的具体目录位置。

3. 文件目录类命令

想一想

请同学们查阅本学习任务知识及相关资料，讨论与思考，在Linux系统浏览较长的文件内容时，如果只想查看开头5行内容和末尾5行内容，分别使用什么命令？

____

____

文件目录类命令是对目录和文件进行各种操作的命令。浏览目录类命令有pwd、cd、ls等。cd命令参数和说明见表3-1。

表3-1　cd命令参数和说明

命令参数	说明
cd	切换到当前用户的主目录(/home/用户目录)
cd ~	切换到当前用户的主目录(/home/用户目录)
cd .	保持在当前目录不变
cd ..	切换到上级目录
cd –	可以在最近两次工作目录之间来回切换

例1：使用cd命令进入系统根目录

```
[root@server1 ~]#cd /
[root@server1 /]#
```

ls命令（list）可用于列出指定路径下的文件，Linux中一切皆文件，目录也是文件的一种，如果不指定路径，单独运行ls命令，则默认路径为当前路径。ls命令常用参数和说明见表3-2。

表3-2 ls命令参数和说明

命令参数	说明
ls -a	显示所有文件，包括以“.”开头的隐藏文件
ls -R	显示指定目录下及其所有子目录下的文件名
ls -l	显示文件的详细信息，包括文件类型、权限、所属用户、所属用户组、文件大小、上一次修改时间等
ls -S	按照文件大小顺序显示，默认从大到小；若要从小到大，可使用-Sr

例2：使用ls命令查看文件或命令信息

```
[root@server1 ~]#ls -a
[root@server1 ~]#ls -l
```

浏览文件类命令有cat、more、less、head、tail。浏览文件类命令参数和说明见表3-3。

表3-3 浏览文件类命令参数和说明

命令参数	说明
cat	显示文件内容 -b对输出内容中的非空行标注行号 -n对输出内容的所有行标注行号
more	分页显示文件内容，只能向下翻页
less	分页显示文件内容，实现向下、向上翻页，还可以前、后、左、右移动
head	显示文件内容的开头部分 -n num显示指定文件内容的前num行 -c num显示指定文件内容的前num个字符
tail	显示文件内容的末尾部分 -n num显示指定文件内容的末尾num行 -c num显示指定文件内容的末尾num个字符 -n+num从第num行开始显示指定的内容

例3：使用浏览文件类命令查看文件内容

```
[root@server1 ~]#cat /etc/passwd
[root@server1 ~]#more /etc/passwd
[root@server1 ~]#less /etc/passwd
[root@server1 ~]#head -2 /etc/passwd
[root@server1 ~]#tail -2 /etc/passwd
```

想一想

请同学们查阅本学习任务知识及相关资料，讨论与思考，如何查看/etc/shadow文件的开头3行内容，请写出命令操作过程。

____

____

目录和文件操作类命令有mkdir、rmdir、cp、mv、rm、touch、rpm、grep等。目录和文件操作类命令参数和说明见表3-4。

表3-4 目录和文件操作类命令参数和说明

命令参数	说明
mkdir	用于创建目录 -p参数表示如果父目录不存在，则同时创建该目录和该目录的父目录
rmdir	用于删除空目录 -p参数表示一同删除父目录，但父目录中必须无文件
cp	用于复制文件或目录 -R递归复制目录，即包含目录下的各级子目录
mv	文件或目录的移动或改名 -i表示若文件或目录存在，则提示是否覆盖它们 -f表示不管文件或目录是否存在，都直接覆盖，不提示
rm	用于删除文件或目录 -R递归删除目录，即包含目录下的文件和各级目录 -f删除文件或目录时不提示用户 -i删除文件或目录时提示用户
touch	用于建立文件
rpm	用于对rpm软件包进行管理 -q查询指定的软件包在系统中是否安装 -ql查询系统中已安装软件包包含的文件列表
grep	用于查找文件中包含指定字符串的行

例4：使用目录和文件类命令

[root@server1 ~]#mkdir test1 //在当前目录创建test子目录

[root@server1 ~]#mkdir -p test/test2 //在当前目录的test目录中创建test2子目录，如果test目录不存在，则同时创建

[root@server1 ~]#cp test1 test //复制test1目录到test目录

[root@server1 ~]#touch test/file1 //在test目录下创建file文件

[root@server1 ~]#mv test/file1 test/test2 //将file1文件移动到test2目录下

[root@server1 ~]#rm test/test2/file1 //删除file1文件

[root@server1 ~]#rmdir test/test1 //删除test目录下的test1空子目录

[root@server1 ~]#rmdir -p test/test2 //删除当前目录的test/test2空子目录，删除test2空子目录时，如果test目录中无其他目录及文件，则一同删除

想一想

请同学们查阅本学习任务知识及相关资料，讨论与思考，在~目录下，创建一个soft目录，并在soft目录下创建一个aa文件，最后将文件和目录都删除，请写出命令操作过程。

____

____

二、用户账户和组群账户

想一想

请查阅本学习任务知识及相关资料，讨论与思考，在Linux系统中，创建普通用户账户和普通组群账户时，UID和GID默认从____开始编号。超级账号root的UID编号是____。

1. 用户账户和组群账户

Linux操作系统是多用户多任务的操作系统，允许多个用户同时登录到系统，使用系统资源。用户账户是用户的身份标识。

Linux系统下的用户账户分为两种，普通用户账户和超级用户账户。

普通用户账户：在系统中只能进行普通工作，只能访问他们拥有的或者有权限执行的文件。

超级用户账户（root）：也叫管理员账户，它的任务是对普通用户和整个系统进行管理。超级用户账户对系统具有绝对的控制权，能够对系统进行一切操作。

组群是具有相同特性的用户的逻辑集合，使用组群有利于系统管理员按照用户的特性组织和管理用户，提高工作效率。有了组群，在做资源授权时可以把权限赋予某个组群，组群中的成员即可自动获得这种权限。一个用户账户可以同时是多个组群的成员，其中某个组群是该用户的主组群（私有组群），其他组群为该用户的附属组群（标准组群）。

root用户的UID为0，系统用户的UID从1～999；普通用户的UID可以在创建时由管理员指定，如果不指定，用户的UID默认从1000开始顺序编号。在Linux系统中，创建用户账户的同时也会创建一个与用户同名的组群，该组群是用户的主组群。普通组群的GID默认也是从1000开始编号。用户和组群的名词和说明见表3–5。

表3–5 用户和组群的名词和说明

名 词	说 明
用户名	用来标识用户的名称，可以是字母、数字组成的字符串，区分大小写
密码	用于验证用户身份的特殊验证码
用户标识（UID）	用来表示用户的数字标识符
用户主目录	用户的私人目录，也是用户登录系统后默认所在的目录
登录Shell	用户登录后默认使用的Shell程序，默认为/bin/bash
组群	具有相同属性的用户属于同一个组群
组群标识（GID）	用来表示组群的数字标识符

想一想

请同学们查阅本学习任务知识及相关资料，讨论与思考，Linux系统的用户账户和组群账户存储在什么文件中？

____

____

2. 用户账号和组群文件

用户账户信息和组群信息分别存储在用户账户文件和组群文件中。

在Linux系统中，所创建的用户账户及其相关信息（密码除外）均放在/etc/passwd配置文件中。使用“cat /etc/passwd”命令打开passwd文件，内容格式如下：

```
root:x:0:0:root:/root:/bin/bash
bin:x:1:1:bin:/bin:/sbin/nologin
daemon:x:2:2:daemon:/sbin:/sbin/nologin
user1:x:1002:1002::/home/user1:/bin/bash
```

文件中的每一行代表一个用户账户的资料，可以看到第一个用户是root。然后是一些标准账户，此类账户的Shell为/sbin/nologin，代表无本地登录权限。最后一行是由系统管理员创建的普通账户：user1。

passwd文件的每一行用“:”分隔为7个域，各域的内容如下：

用户名:加密口令:UID:GID:用户的描述信息:主目录:命令解释器（登录Shell）

passwd文件中各字段的说明见表3-6，其中少数字段的内容可以为空，但仍需使用“:”进行占位来表示该字段。

表3-6 passwd文件字段和说明

字段	说明
用户名	用户账号名称，用户登录时所使用的用户名
加密口令	用户口令，考虑系统的安全性，现在已经不使用该字段保存口令，而用字母“x”来填充该字段，真正的密码保存在shadow文件中
UID	用户号，唯一表示某用户的数字标识
GID	用户所属的私有组号，该数字对应group文件中的GID
用户描述信息	可选的关于用户全名、用户电话等描述性信息
主目录	用户的宿主目录，用户成功登录后的默认目录
命令解释器	用户所使用的Shell，默认为“/bin/bash”

由于所有用户对/etc/passwd文件均有读取权限，为了增强系统的安全性，用户经过加密之后的口令都存放在/etc/shadow文件中。/etc/shadow文件只对root用户可读，因而大大提高了系统的安全性。shadow文件的内容形式如下（cat /etc/shadow）：

```
root:$6$PQxz7W3s$Ra7Akw53/n7rntDgjPNWdCG66/5RZgjhoelzT2F00ouf2iDM.AVvRIYoez10hGG7kBHEaah.oH5U1t6OQj2Rf.:17654:0:99999:7:::
bin:*:16925:0:99999:7:::
```

daemon:*:16925:0:99999:7:::

bobby:!!:17656:0:99999:7:::

user1:!!:17656:0:99999:7:::

shadow文件保存投影加密之后的口令以及与口令相关的一系列信息，每个用户的信息在shadow文件中占用一行，并且用“:”分隔为9个域，各域的说明见表3-7。

表3-7　shadow文件字段说明

字　段	说　明
用户名	用户登录名
加密口令	加密后的用户口令，*表示非登录用户，！！表示没设置密码
口令修改天数	从1970年1月1日起，到用户最近一次口令被修改的天数
最短口令存活期	从1970年1月1日起，到用户可以更改密码的天数，即最短口令存活期
最长口令存活期	从1970年1月1日起，到用户必须更改密码的天数，即最长口令存活期
提醒更改口令	口令过期前几天提醒用户更改口令
提醒账户被禁用	口令过期后几天账户被禁用
口令被禁用的具体日期	口令被禁用的具体日期（相对日期，从1970年1月1日至禁用时的天数）
保留域	保留域，用于功能扩展

组群账户的信息存放在/etc/group文件中，而关于组群管理的信息（组群口令、组群管理员等）则存放在/etc/gshadow文件中。

group文件位于“/etc”目录，用于存放用户的组群账户信息，对于该文件的内容任何用户都可以读取。每个组群账户在group文件中占用一行，并且用“:”分隔为4个域。每一行各域的内容如下（使用cat /etc/group）：

组群名称:组群口令（一般为空，用x占位）:GID:组群成员列表

group文件的内容形式如下：

root:x:0:

bin:x:1:

daemon:x:2:

bobby:x:1001:user1,user2

user1:x:1002:

可以看出，root的GID为0，没有其他组群成员。group文件的组群成员列表中如果有多个用户账户属于同一个组群，则各成员之间以“,”分隔。在/etc/group文件中，用户的主组群并不把该用户作为成员列出，只有用户的附属组群才会把该用户作为成员列出。例如，用户bobby的主组群是bobby，但/etc/group文件中组群bobby的成员列表中并没有用户bobby，只有用户user1和user2。

/etc/gshadow文件用于存放组群的加密口令、组管理员等信息，该文件只有root用户可以读取。每个组群账户在gshadow文件中占用一行，并以“:”分隔为4个域。每一行中各域的内容如下：

组群名称:加密后的组群口令（没有就用！）:组群的管理员:组群成员列表

gshadow文件的内容形式如下：

```
root:::
bin:::
daemon:::
bobby:!::user1,user2
user1:!::
```

做一做

请同学们查阅本学习任务知识及相关资料，讨论与思考。

1）Linux系统的账户分为几种？分别是什么？

____

____

2）请同学们自行查阅相关文件目录类命令和用户组群的知识资料，完成命令和说明的对应关系连线。

创建用户	mkdir
创建文件	rm
创建组群	touch
创建目录	groupadd
复制文件	useradd
删除文件	cp

小贴士

大多数系统是以用户为中心的。一个合法的用户在系统内可以执行各种操作。管理人员可以通过对用户的权限分配，限定用户的某些行为，以避免故意的或非故意的某些破坏。

活动1 使用命令创建文件和目录

活动准备

1）启动虚拟机CentOS 7系统。

2）登录系统，管理员账户为root，密码是123456。

3）设置主机名为server1。

活动要求

崑盛科技公司一共有研发部、策划部、运营部、编辑部和市场部五个部门，根据工作内容分类，现在需要给各个部门在Linux系统/目录创建不同的目录和文件，目录名称为yanfabu、cehuabu、yunyingbu、bianjibu、shichangbu，文件名为yffile、chfile、yyfile、bjfile、scfile。在工作过程中，根据实际需求可以对目录和文件进行写入、复制、移动和删除等操作。

活动讨论

请同学们查阅本活动知识及相关资料，讨论与思考，如何创建目录和文件？对目录和文件进行写入、复制和删除等操作，涉及哪些常用命令？

活动要点

1. Linux命令

Linux系统的常用操作命令有cd、ls、mkdir、cp、mv等。常用命令参数和说明见表3–8。

表3–8　常用命令参数和说明

命　　令	说　　明
cd	切换目录
ls	显示文件或目录
mkdir	创建目录
touch	创建空文件
echo	创建带有内容的文件
cat	查看文件内容
cp	复制
mv	移动或重命名
rm	删除文件或目录
rmdir	删除空目录
head、tail	显示文件头、尾内容

2. vim三种模式

vim三种模式分为：命令模式、插入模式、编辑模式。使用ESC或i或:来切换模式。命令模式见表3–9。

表3–9　vim命令模式和说明

命　　令	说　　明
:q	退出
:q!	强制退出
:wq	保存并退出
:set number	显示行号
:set nonumber	隐藏行号
yyp	复制光标所在行，并粘贴

活动过程

1）使用mkdir命令，在/目录下创建5个目录，名称分别为yanfabu、cehuabu、yunyingbu、bianjibu和shichangbu。

```
[root@server1 ~]# mkdir /yanfabu    //在系统根目录下创建yanfabu目录
[root@server1 ~]#cd /               //切换到系统根目录
[root@server1 /]#ls                 //显示当前目录的内容
[root@server1 /]#ls -l              //列出文件详细信息
```

注意

其他目录的创建方法，同yanfabu。

2）使用touch命令，在各个部门目录下，创建对应的文件yffile、chfile、yyfile、bjfile、scfile。

```
[root@server1 ~]#touch /yanfabu/yffile    //在yanfabu目录下创建yffile文件
[root@server1 ~]#cd /yanfabu              //切换到yanfabu目录
[root@server1 yanfabu]#ls -l              //列出yanfabu目录下的详细信息
-rw-r--r--1 root root 0 Mar 29 05:45 yffile
```

注意

其他目录的创建方法，同yanfabu。

3）使用cp命令，复制chfile文件到yanfabu目录下。

```
[root@server1 ~]#cp /cehuabu/chfile  /yanfabu
[root@server1 ~]#cd /yanfabu
[root@server1 yanfabu]#ls -l
```

4）使用mv命令，移动bjfile到shichangbu目录下。

```
[root@server1 ~]#mv /bianjibu/bjfile  /shichangbu
[root@server1 ~]#cd /shichangbu
[root@server1 shichangbu]#ls -l
```

5）使用vim编辑器，在yffile文件插入内容“this is yffile!”。

```
[root@server1 ~]#cd /yanfabu
[root@server1 yanfabu]#vi yffile
```

注意

按<I>键，转换为插入模式，然后输入内容：this is yffile!

内容编辑完成，按<ESC>键，然后输入命令“:wq”。

```
[root@server1 yanfabu]#cat yffile
this is yffile!
```

6）使用rm命令，删除yunyingbu目录下的yyfile文件。

```
[root@server1  ~]#rm  /yunyingbu/yyfile
rm：remove regular empty file 'yyfile'? y        //输入y确定删除
[root@server1  ~]#cd  /yunyingbu
[root@server1  yunyingbu]#ls  –l
```

7）使用rmdir命令，删除yunyingbu目录。

```
[root@server1  ~]#rmdir  /yunyingbu
[root@server1  ~]#cd  /
[root@server1  /]#ls
```

注意

非空目录应从最里层依次删除文件及目录。

技能巩固

根据前面学习到的知识和技能，完成下面的操作。

1）使用cd命令，切换到/目录。

2）使用ls命令，显示/目录的信息。

3）使用mkdir命令在/下创建test目录，在/test目录下创建test2目录。

4）使用touch命令，在test目录中创建文本文档、Word文档和Excel文件。

5）使用cp命令，复制test目录的1.txt文件到/test/test2的子目录；复制test目录的2.doct文件到/test/test2的子目录。

6）使用mv命令，移动test目录的3.xls文件到test/test2的子目录。

7）使用rm命令，删除test/test2目录下的1.txt文件；使用rm命令，删除test/test2目录下的2.doc文件。

8）使用vim文本编辑器，给test目录下的1.txt文件输入内容，并查看。

活动2 新建用户账户和组群账户

活动准备

1）启动虚拟机CentOS 7系统。

2）登录系统，管理员为root，密码是123456。

3）设置主机名为server1。

活动要求

邕盛科技公司有30个员工，相同部门的员工工作内容一样，也具有相同的权限；公司一共分为研发部、策划部、运营部、编辑部和市场部五个部门。现在需要为该公司员工创建不同的账号，用户账户如：yf1、ch1、yy1、bj1、sc1，用户密码同用户名。同时把相同部门的用户放在一个组群，组群账户如：yanfabu、cehuabu、yunyingbu、bianjibu、shichangbu，方便分部门管理用户账户。

活动讨论

请同学们查阅本活动知识及相关资料，讨论与思考，如何创建用户和组，并将用户添加到指定的组群？

____

____

活动要点

1. 新建用户账户

在系统新建用户可以使用useradd或者adduser命令。命令的格式是：useradd [参数] <username>。useradd命令有很多参数，具体参数说明见表3-10。

表3-10 useradd命令参数说明

参 数	说 明
-c comment	用户的注释性信息
-d home_dir	指定用户的主目录
-e expire_date	禁用账号的日期，格式为YYYY-MM-DD
-f inactive_days	设置账户过期多少天后用户账户被禁用。如果为0，账户过期后将立即被禁用；如果为-1，账户过期后，将不被禁用
-g initial_group	用户所属主组群的组群名称或者GID
-G group-list	用户所属的附属组群列表，多个组群之间用“,”分隔
-m	若用户主目录不存在则创建它
-M	不要创建用户主目录
-n	不要为用户创建用户私人组群
-p passwd	加密的口令
-r	创建UID小于500的不带主目录的系统账号
-s shell	指定用户的登录Shell，默认为/bin/bash
-u UID	指定用户的UID，它必须是唯一的，且大于499

2. 设置用户账户密码

指定和修改用户账户密码的命令是passwd。超级用户可以为自己和其他用户设置密码，而普通用户只能为自己设置密码。passwd命令的格式为：passwd [参数] [username]。

3. 新建组群账户

创建组群可以使用命令groupadd或者addgroup。gpasswd命令的格式为：gpasswd [选项] [用户] [组]。

只有root用户和组管理员才能够使用这个命令创建组群，命令选项见表3-11。

表3-11　gpasswd命令参数说明

参　数	说　明
-a	把用户加入组
-d	把用户从组中删除
-r	取消组的密码
-A	给组指派管理员

4. 用户及用户组群文件

用户账户信息和组群信息分别存储在用户账户文件和组文件中。用户和用户组群文件及说明见表3-12。

表3-12　用户和用户组群文件及说明

文　件　名	说　明
/etc/passwd	存储用户账号
/etc/group	存储组账号
/etc/shadow	存储用户账号的密码
/etc/gshadow	存储用户组账号的密码

活动过程

1）新建用户账户，用户名为：yf1、ch1、yy1、bj1、sc1。

```
[root@server1 ~]#useradd yf1
```

注意

其他用户的创建方法，同yf1。

2）查看刚才创建的5个用户账户的相关信息。

```
[root@server1 ~]#tail -5 /etc/passwd
```

3）给上面新建的5个用户账户设置密码，密码同用户名，以设置yf1账户密码为例。

```
[root@server1 ~]#passwd yf1
New password: 输入新密码
Retype new password: 再次输入新密码
```

注意

其他用户的密码设置方法，同yf1。

4）新建组群账户，组群名为：yanfabu、cehuabu、yunyingbu、bianjibu、shichangbu。

```
[root@server1 ~]#groupadd yanfabu
```

注意

其他组群账户的创建方法，同yanfabu。

5）查看刚才创建的5个组群账户的相关信息。

```
[root@server1 ~]#tail -5 /etc/group
```

6）将刚才创建的5个用户账户分别添加到对应的组群，如yf1用户添加到yanfabu组群。

7）查看5个用户账户所属组群的情况，如yf1所属的组群情况。

```
[root@server1 ~]#gpasswd -a yf1 yanfabu
Adding user yf1 to group yanfabu //成功添加yf1用户到yanfabu组
```

注意

其他用户账户添加到组群的方法，同yf1。

```
[root@server1 ~]#id yf1
uid=1000fy1) gid=1000yf1) groups=1000yf1), 1005yanfabu)
```

注意

查看其他用户账户所属组群的方法，同yf1。

技能巩固

请同学们根据前面学习到的知识和技能，完成下面的操作。

修改用户账户密码，也可以用chage命令实现。chage命令的常用参数见表3-13。

表3-13 chage命令参数

参数	说明
-l	列出账户密码属性的各个数值
-m	指定密码最短存活期
-M	指定密码最长存活期
-W	密码要到期前提前警告的天数
-I	密码过期后多少天停用账户
-E	用户账户到期作废的日期
-d	设置密码上一次修改的日期

1）新建用户user1和user2。

2）新建用户user3，UID为1010，指定其所有的私有组群为group1，GID为1010，用户的主目录为/home/user3，用户的Shell为/bin/bash，用户的密码为12345678，账户永不过期。

3）设置用户账户密码。假设当前用户为root，则下面的两个命令分别为root用户修改自己的密码和root用户修改user1用户的密码。

4）修改用户账户密码chage。设置user1用户的最短密码存活期为6天，最长密码存活期为60天，密码到期前5天提醒用户修改密码。

活动3 管理用户账户和组群账户

活动准备

1）启动虚拟机CentOS 7系统。

2）登录系统，管理员为root，密码是123456。

3）设置主机名为server1。

活动要求

根据工作和系统管理维护的需要，将邕盛科技公司的员工在Linux系统的账户和组群进行相关的修改、禁用、恢复及删除等管理操作。

活动讨论

请同学们查阅本活动知识及相关资料，讨论与思考，如何进行用户和组群管理？

____

____

活动要点

1. 设置用户账户密码

指定和修改用户账户密码的命令是passwd。超级用户可以为自己和其他用户设置密码，而普通用户只能为自己设置密码。

passwd命令的格式为：passwd [参数] [username]。

passwd命令的常用参数说明见表3-14。

表3-14 passwd命令参数说明

参数	说明
-l	锁定停用“)”用户账户
-u	口令解锁
-d	将用户口令设置为空，这与未设置口令的账户不同。未设置口令的账户无法登录系统，而口令为空的账户可以
-f	强迫用户下次登录时必须修改口令
-n	指定口令的最短存活期
-x	指定口令的最长存活期
-w	口令要到期前提前警告的天数
-i	口令过期后多少天停用账户
-S	显示账户口令的简短状态信息

2. 修改用户账户

usermod命令用于修改用户的属性。格式为：usermod [参数] 用户名。

Linux系统中的一切都是文件，因此在系统中创建用户也就是修改配置文件的过程。usermod命令的参数以及说明见表3–15。

表3–15 usermod命令的参数及说明

参　数	说　明
–c	填写用户账户的备注信息
–d –m	参数–m与参数–d连用，可重新指定用户的家目录并自动把旧的数据转移过去
–e	账户的到期时间，格式为YYYY–MM–DD
–g	变更所属用户组
–G	变更扩展用户组
–L	锁定用户，禁止其登录系统
–U	解锁用户，允许其登录系统
–s	变更默认终端
–u	修改用户的UID

3. 删除用户账户

可以直接删除/etc/passwd和/etc/shadow文件中要删除的用户所对应的行，或者用userdel命令删除。格式为：userdel [–r] 用户名。

如果不加–r选项，userdel命令会在系统中所有与账户有关的文件中（例如/etc/passwd、/etc/shadow、/etc/group）将用户的信息全部删除。

如果加–r选项，则在删除用户账户的同时，还将用户主目录以及其下的所有文件和目录全部删除掉。另外，如果用户使用E–mail的话，/var/spool/mail目录下的用户文件也将同时被删掉。

4. 修改组群账户

修改组群的命令是groupmod，其命令格式为：groupmod [选项] 组名。

常见的命令参数见表3–16。

表3–16 groupmod命令参数

选　项	说　明
–g gid	把组群的GID改成gid
–n group–name	把组群的名称改为group–name
–o	强制接受更改的组的GID为重复的号码

5. 删除组群账户

删除组群账户的命令是groupdel。命令格式为：groupdel 组名。

活动过程

注意

本活动在完成“活动2”的基础上进行操作。

1）将用户yf1加入到root用户组群中，这样扩展组群列表中会出现root用户组群的字样，而基本组群不会受到影响。

```
[root@server1 ~]#usermod –G root yf1
[root@server1 ~]#id yf1
uid=1000yf1) gid=1000yf1) groups=1000yf1),1005yanfabu),0root)
```

2）将ch1用户的UID修改为8888。

```
[root@server1 ~]#usermod –u 8888 ch1
[root@server1 ~]#id ch1
uid=8888ch1) gid=1001ch1) groups=1001ch1) ,1006cehuabu)
```

3）修改用户sc1的主目录为/var/sc1，把启动Shell修改为/bin/tcsh，完成恢复到初始状态。

```
[root@server1 ~]#usermod –d /var/sc1 –s /bin/tcsh sc1
[root@server1 ~]#tail –2 /etc/passwd
bj1:x:1003:1003::/home/bj1:/bin/bash
sc1:x:1004:1004::/var/sc1:/bin/tcsh
[root@server1 ~]#usermod –d /var/sc1 –s /bin/bash sc1
```

4）禁用与恢复 yy1用户账户。使用passwd命令锁定账户密码，使密码失效。

```
[root@server1 ~]#passwd –l yy1
Locking password for user yy1    //锁定用户 yy1 的密码
passwd: Success    //操作成功
[root@server1 ~]#tail –3 /etc/shadow    //查看密码锁定状态
[root@server1 ~]#passwd –u yy1
Unlocking password for user yy1    //解除锁定用户 yy1 的密码
passwd: Success    //操作成功
[root@server1 ~]#tail –3 /etc/shadow    //查看密码恢复状态
```

注意

//使用passwd命令禁用yy1账户，利用tail命令查看，可以看到被锁定的账户密码栏前面会加上“!!”。

5）禁用与恢复 sc1用户账户。使用usermod命令进行操作。

```
[root@server1 ~]#usermod –L  sc1
[root@server1 ~]#tail –3 /etc/shadow    //查看禁用sc1用户
[root@server1 ~]#usermod –U  sc1
[root@server1 ~]#tail –3 /etc/shadow    //查看恢复sc1用户
```

注意

使用usermod命令禁用sc1账户，利用tail命令查看，可以看到被锁定的账户密码栏前面会加上“!”。

有时需要临时禁用一个账户而不删除它。禁用用户账户可以用passwd或usermod命令实现，也可以直接修改/etc/passwd或/etc/shadow文件。

6）使用yf1用户登录系统。

```
[root@server1 ~]#su  yf1   //使用yf1登录
[yf1@server1 ~]$exit       //退出yf1登录
```

7）将yanfabu组群账户的GID改为8000。

```
[root@server1  ~]#groupmod –g 8000  yanfabu
```

8）删除sc1用户账户。

```
[root@server1  ~]#userdel –r  sc1
[root@server1  ~]#tail –2 /etc/passwd
```

9）删除shichangbu组群账户。

```
[root@server1  ~]#groupdel  shichangbu
[root@server1  ~]#tail –2 /etc/group
```

技能巩固

请同学们根据前面学习到的知识和技能，完成下面的操作。

1. 维护用户账户

1）查看用户user1的默认信息。

2）将用户user1加入到root用户组群中，这样扩展组群列表中会出现root用户组群的字样，而基本组群不会受到影响。

3）再来试试–u参数修改user1用户的UID。除此之外，还可以用–g参数修改用户的基本组群UID，用–G参数修改用户扩展组群UID。

4）修改用户user1的主目录为/var/user1，把启动Shell修改为/bin/tcsh，完成恢复到初始状态。

2. 禁用与恢复用户账户及删除用户

1）使用passwd命令锁定账户密码，使密码失效。

2）使用usermod命令，分以下两种情况进行操作。

①直接修改用户账户配置文件。

②删除user1用户账户。

3. 新建与管理用户及组群账号实例

1）创建test1、test2和test3三个普通用户，并设置命名均为123。

2）查看刚才创建的test1和test2两个用户的相关信息。

3）创建z1和z2两个私有组群，并将test1和test2两个账户分别添加到z1、z2私有组群中。

4）查看刚才创建的z1和z2两个私有组群的信息。

5）修改test1和test2两个账户的用户标识符为800和801。

6）修改z1和z2两个组账户的用户组标识符为900和901。

7）创建testgroup组，把test3用户加入testgroup组，并指派test3为管理员。

8）修改test1密码为456。

9）禁用test1户，并查看状态。

10）恢复test1户，并查看状态。

11）删除test1户，并查看状态。

12）删除z1组群，并查看效果。

考核评价

班　级		姓　名		
一、知识目标掌握情况（30分）				
评 价 内 容		自　评	互　评	师　评
1. 掌握用户账户和组群的功能作用 2. 理解用户账户和组群文件 3. 掌握文件目录类命令的操作方法		□理解　10分 □基本理解　6分 □不理解　3分	□理解　10分 □基本理解　6分 □不理解　3分	□理解　10分 □基本理解　6分 □不理解　3分
二、能力目标掌握情况（60分）				
评 价 内 容		自　评	互　评	师　评
1. 能够正确使用文件目录类命令 2. 能够正确创建用户账户和组群 3. 能够正确设置用户账户密码 4. 能够正确修改、删除和管理账户及组群		□完成　20分 □基本完成　15分 □未完成　5分	□完成　20分 □基本完成　15分 □未完成　5分	□完成　20分 □基本完成　15分 □未完成　5分
三、学生专业素质（10分）				
评 价 内 容		自　评	互　评	师　评
学习态度：认真听课、积极回答问题 基本素养：纪律好、正确使用手机、不迟到、不早退		□优秀　3分 □良好　2分 □合格　1分	□优秀　3分 □良好　2分 □合格　1分	□优秀　4分 □良好　3分 □合格　1分
总分		知识得分	能力得分	素质得分

任务4
配置与管理文件系统

任务情境

崑盛科技公司搭建了一台Linux系统，管理员用户为root，它可以管理和操作系统的所有文件，对系统具有最高的操作权限，它具有读取、写入和执行的权限；root同组群用户的权限是读取和执行权限；为了实现系统多用户、多任务管理，现增加一个用户user1，可以对系统进行简单管理和操作，它的权限为读取和写入权限。

学习目标

✍ 知识目标

- 了解文件系统的概念及类型
- 了解Linux文件系统的目录结构
- 理解文件权限的特点及归属
- 理解权限和指令间的关系

✍ 能力目标

- 能够正确使用数字表示法修改文件权限
- 能够正确使用字母表示法修改文件权限

✍ 素质目标

- 培养学生认真钻研、精益求精的工匠精神，形成扎实的专业能力并提升专业素质能力

知识储备

一、文件系统

想一想

请同学们查阅本学习任务知识及相关资料，讨论与思考，文件系统类型包括哪些？CentOS 7系统默认的文件系统是什么？

____

____

1. 认识文件系统类型

文件系统（File System）是磁盘上有特定格式的一片区域，操作系统利用文件系统保存和管理文件。

用户在硬件存储设备中执行的文件建立、写入、读取、修改、转存与控制等操作都是依靠文件系统来完成的。文件系统的作用是合理规划硬盘，以保证用户正常的使用需求。Linux系统最常见的文件系统类型及说明见表4–1。

表4–1　文件系统类型及说明

文件系统类型	说　明
Ext2文件系统	Ext2第二代扩展文件系统（Second extended filesystem， Ext2），是Linux内核所用的文件系统。它开始由Rémy Card设计，用以代替ext，于1993年1月加入Linux核心支持之中。Ext2 的经典实现为Linux内核中的Ext2fs文件系统驱动，最大可支持2TB的文件系统，至Linux核心2.6版时，扩展到可支持32TB
Ext3文件系统	Ext3 是在 Ext2 的基础上发展起来的第三代扩展文件系统（Third extended filesystem，Ext3），它是一个完全兼容 Ext2 文件系统的日志文件系统。Ext3 支持大文件，能够在系统异常宕机时避免文件系统资料丢失，并能自动修复数据的不一致与错误
Ext4文件系统	Ext4 文件系统是在 Ext3 上发展起来的，Ext4 相比与 Ext3 提供了更佳的性能和可靠性，并且功能更丰富，Ext4 向下兼容 Ext3 和 Ext2，因此可以将 Ext2 和 Ext3 挂载为 Ext4。Ext4是第四代扩展文件系统（Fourth extended filesystem， Ext4），另外，Ext4文件系统能够批量分配block块，从而极大地提高了读写效率
XFS文件系统	XFS是一种高性能的日志文件系统，而且是CentOS 7中默认的文件管理系统。它的优势在发生意外宕机后显得尤其明显，即可以快速地恢复可能被破坏的文件，而且强大的日志功能只用花费极低的计算和存储性能。它最大可支持的存储容量为18EB，几乎满足了所有需求。XFS特别擅长处理大文件，同时提供平滑的数据传输

CentOS 7系统中一个比较大的变化就是使用了XFS作为文件系统。Linux系统中有一个名为super block的“硬盘地图”。Linux只是把每个文件的权限与属性记录在inode中，而且每个文件占用一个独立的inode表格。该表格的大小默认为128字节，里面记录着如下信息：

①该文件的访问权限（read、write、execute）

②该文件的所有者与所属组（owner、group）

③该文件的大小（size）
④该文件的创建或内容修改时间（ctime）
⑤该文件的最后一次访问时间（atime）
⑥该文件的修改时间（mtime）
⑦文件的特殊权限（SUID、SGID、SBIT）
⑧该文件的真实数据地址（point）

2. 认识Linux文件系统的文件存储结构

请同学们查阅相关知识和资料，了解文件存储结构知识。文件存储结构如图4-1所示。

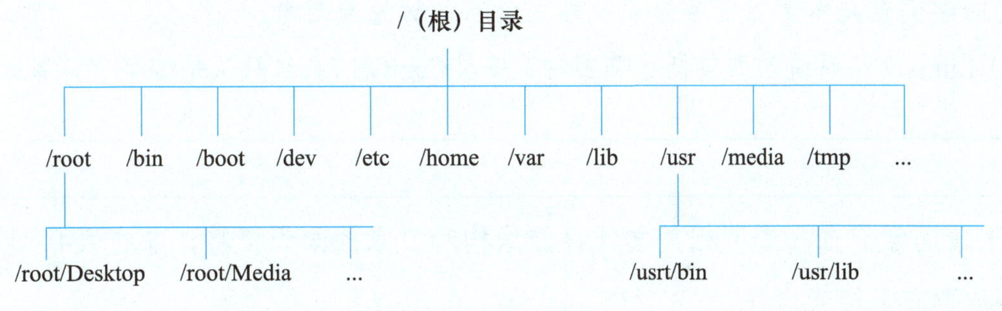

图 4-1

在Linux系统中，最常见的目录名称以及对应的存放内容，见表4-2。

表4-2 Linux系统中常见的目录名称以及对应的存放内容

目 录 名 称	对应的存放内容
/	Linux文件的最上层根目录
/boot	开机所需文件——内核、开机菜单以及所需配置文件等
/dev	以文件形式存放任何设备与接口
/etc	配置文件
/home	用户家目录
/bin	binary的缩写，存放用户的可运行程序，如ls、cp等，也包含其他Shell，如bash和cs等
/lib	开机时用到的函数库，以及/bin与/sbin下面的命令要调用的函数
/sbin	开机过程中需要的命令
/media	用于挂载设备文件的目录
/opt	放置第三方的软件
/root	系统管理员的家目录
/srv	一些网络服务的数据文件目录
/tmp	任何人均可使用的“共享”临时目录
/proc	虚拟文件系统，如系统内核、进程、外部设备及网络状态等
/usr/local	用户自行安装的软件
/usr/sbin	Linux系统开机时不会使用到的软件/命令/脚本
/usr/share	帮助与说明文件，也可放置共享文件
/var	主要存放经常变化的文件，如日志
/lost+found	当文件系统发生错误时，将一些丢失的文件片段存放在这里

在Linux系统中，目录、字符设备、块设备、套接字、打印机等都被抽象成了文件，因此Linux系统中一切都是文件。在Linux系统中并不存在C、D、E、F等盘符，Linux系统中的一切文件都是从“根（/）”目录开始的，并按照文件系统层次化标准（Filesystem Hierarchy Standard，FHS）采用树形结构来存放，并定义了常见目录的用途。

Linux系统中的文件和目录名称是严格区分大小写的。例如root、rOOt、Root、rooT均代表不同的目录，并且文件名称中不得包含斜杠（/）。

做一做

请同学们查阅本学习任务知识及相关资料，讨论与思考。

1）Linux文件系统类型包括了哪四种？安装CentOS 7系统默认是哪个文件系统？

____

____

2）请同学们自行查阅相关文件存储结构和目录的知识资料，并在表4-3填写目录名称或应放置文件的内容。

表4-3　常见的目录名称以及应放置文件的内容

目 录 名 称	应放置文件的内容
/	
	用于挂载设备文件的目录
/boot	
	以文件形式存放任何设备与接口
/etc	
	主要存放经常变化的文件，如日志

二、文件权限

填一填

请同学们查阅相关知识和资料，然后写出文件详细信息中所列出的7种类型名称，分别为：______、______、______、______、______、______、______。

1. 文件属性信息

文件是操作系统用来存储信息的基本结构，是一组信息的集合。文件详细信息如图4-2所示。

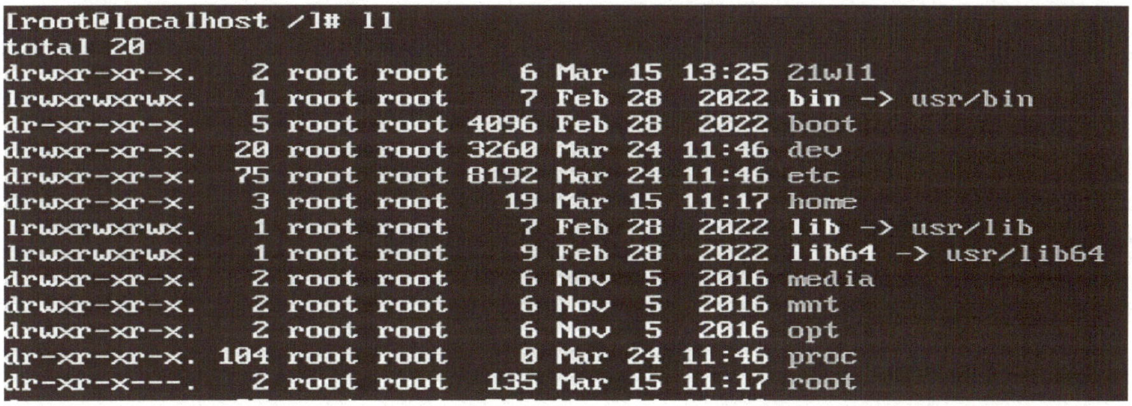

```
[root@localhost /]# ll
total 20
drwxr-xr-x.   2 root root    6 Mar 15 13:25 21wl1
lrwxrwxrwx.   1 root root    7 Feb 28  2022 bin -> usr/bin
dr-xr-xr-x.   5 root root 4096 Feb 28  2022 boot
drwxr-xr-x.  20 root root 3260 Mar 24 11:46 dev
drwxr-xr-x.  75 root root 8192 Mar 24 11:46 etc
drwxr-xr-x.   3 root root   19 Mar 15 11:17 home
lrwxrwxrwx.   1 root root    7 Feb 28  2022 lib -> usr/lib
lrwxrwxrwx.   1 root root    9 Feb 28  2022 lib64 -> usr/lib64
drwxr-xr-x.   2 root root    6 Nov  5  2016 media
drwxr-xr-x.   2 root root    6 Nov  5  2016 mnt
drwxr-xr-x.   2 root root    6 Nov  5  2016 opt
dr-xr-xr-x. 104 root root    0 Mar 24 11:46 proc
dr-xr-x---.   2 root root  135 Mar 15 11:17 root
```

图 4-2

文件通过文件名来唯一地标识。Linux中的文件名称最长可允许255个字符，这些字符可用A～Z、0～9或._–等符号来表示。与其他操作系统相比，Linux没有“扩展名”的概念，也就是说文件的名称和该文件的种类并没有直接的关联。它的另一个特性是Linux文件名区分大小写。文件属性信息如图4–3所示。

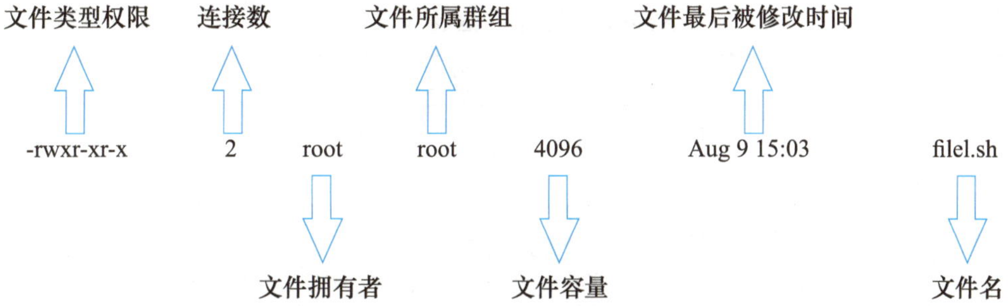

图 4-3

2. 文件权限

填一填

请同学们查阅相关知识，学习文件权限类型及数字和字母表示法的知识，填写表4–4文件权限类型和表示法。

表4–4 文件权限类型和表示法

数字表示法	权 限 类 型	字母表示法

3. 文件权限与数字表示法之间的转换

填一填

请同学们根据示例，完成表4–5权限与数字表示法之间的转换的填写。

表4–5　权限与数字表示法之间的转换

序　号	原始权限	转换为数字	数字表示法
示例	rwxrwxr-x	(421) (421) (401)	775
1	rwxr-xr-x		
2			664
3	rw-r--r--		
4			755

可以用"ls –l"或者ll命令显示文件的详细信息，其中包括权限。

每一行的第一个字符一般用来区分文件的类型，一般取值为d、–、l、b、c、s、p。具体含义见表4–6。

表4–6　文件类型及含义

文件类型	含义说明
d	表示是一个目录，在Ext文件系统中目录也是一种特殊的文件
–	表示该文件是一个普通的文件
l	表示该文件是一个符号链接文件，实际上它指向另一个文件
b、c	分别表示该文件为区块设备或其他的外围设备，是特殊类型的文件
s、p	这些文件关系到系统的数据结构和管道，通常很少见到

权限对于使用者账号来说非常重要，因为权限可以限制使用者读取/建立/删除/修改文件或目录，用户权限及含义见表4–7。

表4–7　用户权限及含义

用户权限	含义说明
u（User）	字符2、3、4表示该文件所有者的权限，有时也简称为u（User）的权限
g（Group）	字符5、6、7表示该文件所有者所属组的组成员的权限。例如，此文件拥有者属于"user"组群，该组群中有6个成员，表示这6个成员都有此处指定的权限，简称为g（Group）的权限
o（Other）	字符8、9、10表示该文件所有者所属组群以外的权限，简称为o（Other）的权限
r（Read，读取）	对文件而言，具有读取文件内容的权限；对目录来说，具有浏览目录的权限，以数字4来表示
w（Write，写入）	对文件而言，具有新增、修改文件内容的权限；对目录来说，具有删除、移动目录内文件的权限，以数字2来表示
x（Execute，执行）	对文件而言，具有执行文件的权限；对目录来说，具有进入目录的权限，以数字1来表示
–	表示不具有该项权限，以数字0来表示

示例说明：

1）brwxr--r--：该文件是块设备文件，文件所有者具有读、写与执行的权限，其他用户则具有读取的权限。

2）-rw-rw-r-x：该文件是普通文件，文件所有者与同组用户对文件具有读写的权限，而其他用户仅具有读取和执行的权限。

3）drwx--x--x：该文件是目录文件，目录所有者具有读写与进入目录的权限，其他用户能进入该目录，却无法读取任何数据。

4）lrwxrwxrwx：该文件是符号链接文件，文件所有者、同组用户和其他用户对该文件都具有读、写和执行权限。

做一做

请同学们查阅本学习任务知识及相关资料，讨论与思考。

1）drwxr-xr--文件属于哪类文件？文件所有者的权限是什么？文件同组群用户的权限是什么？其他用户的权限是什么？

____

____

2）u、g、o分别代表什么用户？

____

____

小贴士

对于Linux系统而言，设置权限可以规划操作员的操作范围和程度，也可以避免无关的人员进入系统、随意修改文件、破坏系统并造成损失；还可以对系统各个模块的操作进行协调，保证系统的程序正常运行等。同学们，我们在学习专业技能的过程中，也要学会遵守操作规程，提升专业能力和素养，形成良好的职业习惯。

活动1 使用数字表示法修改权限

活动准备

1）启动虚拟机CentOS 7系统。

2）登录系统，管理员为root，密码是123456。

3）设置主机名为server1。

活动要求

在邕盛科技公司搭建的Linux系统的/（根）目录下，管理员root创建了一个名为test的目录，root用户对test目录具有读、写与执行的权限，root组群用户对test目录具有读取与执行权限，user1用户对test目录具有读取与写入权限。

活动讨论

请回答test目录的权限用字母表示是什么？数字表示法是什么？

____

____

活动要点

在文件建立时系统会自动设置权限，如果这些默认权限无法满足需要，可以使用chmod命令来修改权限。通常在修改权限时可以用两种方式来表示权限类型：数字表示法和文字表示法。

chmod 命令的格式是：chmod [表示法] 文件名

数字表示法如：chmod 777 /file

活动过程

1）创建目录test，命令如下。

```
[root@server1  ~]#mkdir /test                    //创建目录
[root@server1  ~]#cd /                           //切换到/目录
[root@server1  /]#ll          //显示当前目录下的内容及属性详细信息
```

2）使用chmod数字表示修改权限，命令如下。

```
[root@server1  /]#chmod 756 /test         //使用数字表示法修改权限
[root@server1  /]#ll            //显示当前目录下的内容及属性详细信息
```

3）创建user1用户，验证权限，命令如下。

```
[root@server1  /]#cd                      //切换到家目录~
[root@server1  ~]#useradd user1            //添加用户
[root@server1  ~]#su user1                //切换用户
[user1@server1 root]$ cd /test             //切换到/test目录~
```

注意

返回代码信息为bash:cd:/test:permission denied（无法访问指定的/test目录：权限被拒绝）表示操作成功，这是因为user1没有执行权限，无法进入test目录。

技能巩固

请同学们根据前面学习到的知识和技能，完成下面的操作。

1）为文件/etc/file设置权限，赋予所有者和组群成员读取和写入的权限，而其他人只有读取权限。则应该将权限设置为“rw–rw–r––”，该权限的数字表示法为664。

2）为文件/wl/test1设置权限，设置为所有人都可以读取及写入，则应该将权限设置为“rw–rw–rw–”，该权限的数字表示法为666。

3）为文件/wl/test1设置权限，赋予所有者读写权限，而组群成员和其他人只有读的权限。则应该将权限设置为“rw–r––r––”，该权限的数字表示法为644。

4）将隐藏文件.bashrc的所有权限都启用。

活动2 使用字母表示法修改权限

活动准备

1）启动虚拟机CentOS 7系统。

2）登录系统，管理员为root，密码是123456。

3）设置主机名为server1。

活动要求

在邕盛科技公司搭建的Linux系统/test目录下，管理员root创建了一个名为file的文件，root用户对file文件具有读、写与执行的权限，root组群用户对file文件具有读取与写入权限，user1用户对file文件具有执行权限。

活动讨论

file文件的权限用字母表示是什么？

____

____

活动要点

在文件建立时系统会自动设置权限，如果这些默认权限无法满足需要，可以使用chmod命令来修改权限。在修改权限时通常可以用两种方式来表示权限类型：数字表示法和文字表示法。

chmod 命令的格式是：chmod ［表示法］ 文件名

字母表示法如：chmod a=rwx,g=wx,o=rx /file

活动过程

1）创建目录test和file文件，命令如下。

```
[root@ server1  ~]#mkdir  /test                    //创建目录
[root@ server1  ~]#cd  /test                       //切换到/test目录
[root@ server1  test]#touch  file                  //在test目录创建file文件
[root@ server1  test]#ll              //显示当前目录下的内容及属性详细信息
```

2）使用chmod字母表示法修改权限，命令如下。

```
[root@ server1  test]#chmod u=rwx,g=rw,o=x file
[root@ server1  test]#ll
```

3）创建user1用户，验证权限，命令如下。

```
[root@ server1  test]#cd                //切换到家目录~
[root@ server1  ~]#useradd user1        //添加用户
[root@ server1  ~]#su user1             //切换用户
[user1@ server1  root]$cd /test         //切换到/test目录~
[user1@ server1  test]$ll
[user1@ server1  test]$vi file
 "file" [Permission Denied]             //权限拒绝
```

注意

返回代码信息为："file" [Permission Denied] (file：权限被拒绝)表示操作成功，这是因为user1对文件file没有读取和写入的权限。

技能巩固

请同学们根据前面学习到的知识和技能，完成下面的操作。

1）为文件/etc/file修改权限，以文字表示法修改文件权限为：rw-rw-r。

2）新建目录/etc/test，并在test目录下创建1.doc、2.xls、3.txt三个文件，然后将/etc/test目录中的所有文件的权限设置为所有人都可以读取及写入。

3）将隐藏文件.bashrc的权限设置为：-rwxr-xr-x。

4）在不知道原先的文件属性的情况下，增加.bashrc文件的所有人的写入权限。

5）将某个权限去掉而不改动其他已存在的权限，如去掉所有人的执行权限。

考核评价

班　级		姓　名	

一、知识目标掌握情况（30分）

评价内容	自　评	互　评	师　评
1. 了解文件系统的概念 2. 了解文件系统类型 3. 了解Linux文件系统的文件存储结构 4. 了解文件属性信息内容 5. 理解文件权限特点及归属 6. 掌握文件权限与数字表示法之间的转换	□理解　10分 □基本理解　6分 □不理解　3分	□理解　10分 □基本理解　6分 □不理解　3分	□理解　10分 □基本理解　6分 □不理解　3分

二、能力目标掌握情况（60分）

评价内容	自　评	互　评	师　评
1. 能够正确完成权限与数字表示法之间的转换 2. 能够完成使用数字表示法修改权限 3. 能够完成使用字母表示法修改权限	□完成　20分 □基本完成　15分 □未完成　5分	□完成　20分 □基本完成　15分 □未完成　5分	□完成　20分 □基本完成　15分 □未完成　5分

三、学生专业素质（10分）

评价内容	自　评	互　评	师　评
学习态度：认真听课、积极回答问题 基本素养：纪律好、正确使用手机、不迟到、不早退	□优秀　3分 □良好　2分 □合格　1分	□优秀　3分 □良好　2分 □合格　1分	□优秀　4分 □良好　3分 □合格　1分

总分		知识得分		能力得分		素质得分	

任务5
配置与管理基本磁盘

任务情境

邕盛科技公司的研发部购买了一批同一厂家的SCSI硬盘，假设你是一名系统管理员，负责配置和管理Linux系统的基本磁盘，现需要对这些硬盘进行新的磁盘分区、格式化分区、手动或自动挂载分区等操作，以便更好地使用这些硬盘和保护公司的数据。

学习目标

知识目标

- 了解磁盘分区的功能和种类
- 理解fdisk、mkfs、fsck、mount命令的参数说明
- 掌握新建磁盘分区的方法
- 掌握文件系统建立的方法
- 掌握文件系统挂载的方法

能力目标

- 能够正确使用fdisk工具管理磁盘分区
- 能够正确使用mkfs建立文件系统
- 能够正确使用fsck检查文件系统
- 能够正确设置文件系统的挂载

素质目标

- 培养学生的职业精神、工匠精神，使学生产生职业自豪感
- 培养学生自主探究、团队合作的能力

知识储备

一、Linux系统中常见的物理设备及命名规则

想一想

请同学们查阅本学习任务的知识及相关资料，说出生活中常见的硬件设备。

____

____

1. Linux系统常见的硬件设备及其文件名称

在Linux系统中一切都是文件，硬件设备也不例外，既然是文件，就必须有文件名称。系统内核中的udev设备管理器会自动把硬件名称规范起来，目的是让用户通过设备文件的名称看出设备大致的属性以及分区信息等，这对于陌生设备的使用来说特别方便，Linux系统常见的硬件设备及其文件名称见表5–1。

表5–1　Linux系统常见的硬件设备及其文件名称

硬件设备	文件名称
IDE设备	/dev/hd[a–d]
SCSI/SATA/U盘	/dev/sd[a–p]
软驱	/dev/fd[0–1]
打印机	/dev/lp[0–15]
光驱	/dev/cdrom
鼠标	/dev/mouse
磁带机	/dev/st0或/dev/ht0

2. 硬盘文件的命名

想一想

请同学们查阅本学习任务的知识及相关资料，思考你能从此文件名称/dev/sdb3得到哪些信息？

____

____

现阶段IDE硬盘设备较少使用，大多使用的是SCSI硬盘，因此大多硬盘设备都是以“/dev/sd”开头的。一台主机上可以有多块硬盘，因此系统采用a～p来代表16块不同的硬盘（默认从a开始分配），用阿拉伯数字代表硬盘的分区编号，并且规定：主分区或扩展分区的编号从1开始，到4结束；逻辑分区从编号5开始；如图5–1所示。

图 5-1

选一选

根据Linux系统的物理设备命名规则，/dev/sdb3中的b（ ）。

A. 表示SCSI设备　　B. 表示目录位置

C. 表示硬盘的顺序　　D. 表示分区的顺序

二、Linux硬盘的分区

想一想

请同学们查阅本学习任务的知识及相关资料，思考磁盘分区的类型有哪几种？

____

____

1. 分区类型

1）主分区（p）：主要用于安装操作系统和软件数据；类似于Windows的C盘，存放开机所需要的数据等。

2）扩展分区（e）：是主分区以外的分区；扩展分区不能直接用来存放数据，只能划为逻辑分区之后使用。

3）逻辑分区（l）：是扩展分区划分来的，一般用来存储普通数据文件；类似于Windows系统的D盘、E盘，存放下载下来的软件、音乐等。

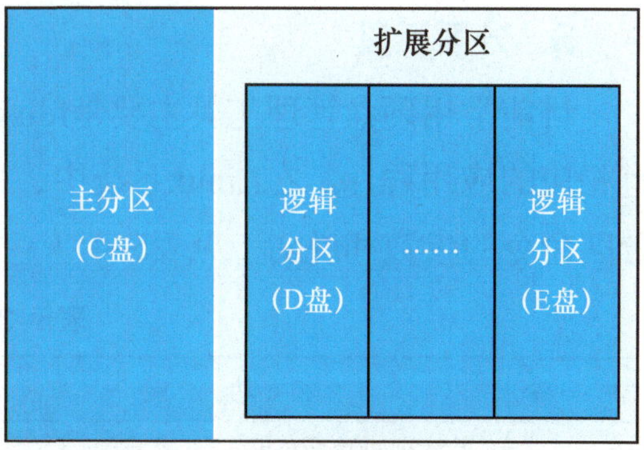

图 5-2

三种分区类型如图5-2所示。

2. 分区要求

在主引导记录扇区里规定只能纪录4个分区。当磁盘容量很大时，只分为4个分区并不能满足硬盘的使用需要，因此为了划分更多分区，就引入了扩展分区的概念。因此，规定主分区和扩展分区的数量不能超过4个，但在扩展分区下划分的逻辑分区可以有很多个，逻辑分区的数量不受限制。因此，磁盘的分区有以下要求：

1）至少要有1个主分区。

2）主分区和扩展分区的数量不能超过4个。当主分区数量为4个时，就没有扩展分区，即不能再划分为逻辑分区。当主分区小于4个时，扩展分区默认为1个。系统会默认把分区顺序号1～4留给主分区和扩展分区。

3）逻辑分区的数量不受限制，分区顺序号从5开始。

做一做

邕盛科技公司将三块硬盘中的其中一块硬盘sdb设置为20GB的内存，请同学们查阅本学习任务的知识及相关资料为该硬盘进行分区，根据第1、2种填写表5-2中的第3、4、5种分区方式，并选出你认为划分最合理的一种。

表5-2 磁盘的划分练习

	主分区		扩展分区		逻辑分区	
	分区个数	容量分配	分区个数	容量分配	分区个数	容量分配
第1种	1		1		1	
第2种	2	sdb1-5GB sdb2-5GB	1	sdb3-10GB	2	sdb5-4GB sdb6-6GB
第3种						
第4种						
第5种						

3. 分区工具

目前常用硬盘管理工具主要是fdisk。fdisk硬盘分区工具在DOS、Windows和Linux中都有相应的应用程序。在Linux系统中，fdisk是基于菜单的命令，常用的命令见表5-3；创建分区命令的参数和说明，见表5-4。

表5-3 fdisk工具常用命令

命　令	功　能	命　令	功　能
a	调整硬盘启动分区	q	不保存更改，退出fdisk命令
d	删除硬盘分区	t	更改分区类型
l	列出所有支持的分区类型	u	切换所显示的分区大小的单位
m	列出所有命令	w	把修改写入硬盘分区表，然后退出
n	创建新分区	x	列出高级选项
p	列出硬盘分区表		

表5-4　创建分区命令的参数和说明

命令参数	说　明
p	创建主分区
e	创建扩展分区
l	创建逻辑分区

三、文件系统的建立与挂载

想一想

请同学们查阅本学习任务的知识及相关资料，思考进行磁盘分区之后，可以使用磁盘存储数据了吗？还需要做什么呢？

____

____

1. 建立文件系统

硬盘分区后，下一步的工作就是文件系统的建立，类似在Windows系统下的格式化硬盘。文件系统的创建一般用到mkfs命令。在硬盘分区上建立文件系统会冲掉分区上的数据，而且不可恢复，因此在建立文件系统之前要确认分区上的数据不再使用。

2. 文件的挂载

挂载指的就是将设备文件中的顶级目录连接到 Linux 根目录下的某一目录（最好是空目录），访问此目录就等同于访问设备文件。文件的挂载一般用到mount命令。

当在 Linux 系统中使用这些硬件设备时，只有将Linux本身的文件目录与硬件设备的文件目录合二为一，硬件设备才能为我们所用。合二为一的过程称为“挂载”。如果不挂载，通过Linux系统中的图形界面系统可以查找到硬件设备，但命令行方式无法找到。

选一选

请同学们查阅本学习任务的知识及相关资料，思考并讨论，在一个新分区上建立文件系统应该使用的命令是（　　）。

A. fdisk　　B. makefs　　C. mkfs　　D. format

小贴士

在 Linux 系统中一切都是文件，包括硬件设备，因此文件名称尤为重要。系统内核中的 udev 设备管理器会自动把硬件名称规范起来，目的是让用户通过设备文件的名称看出设备大致的属性以及分区信息等，这就需要我们遵循 Linux 系统中物理设备的命名规则。

俗话说“没有规矩，不成方圆”“国有国法，家有家规”，在我们的生活中，每件小事都有约束人们行为的规则，我们应该好好遵守规则，这个社会才会更加美好。

活动1 新添加硬盘及分区

活动准备

1）启动虚拟机CentOS 7系统。

2）登录系统，管理员账户为root，密码是123456。

3）设置主机名为server1。

活动要求

邕盛科技公司的研发部一台Linux主机存储空间不足，现需要新增一块20GB硬盘，硬盘类型为SCSI，要求在新增的20GB硬盘中创建2个主分区和2个逻辑分区，各个分区的容量平均分配，请你根据要求配置该硬盘。

活动讨论

请同学们查阅本学习任务的知识及相关资料，讨论与思考，如何合理地划分硬盘呢？

____

____

活动要点

在创建分区时用到的主要命令见表5-5。

表5-5　本任务所用到的主要命令

命　令	功　能
fdisk /dev/sdb	用fdisk进入硬盘sdb
p	创建主分区sdb1、sdb2
e	创建扩展分区sdb3
l	创建逻辑分区sdb5、sdb6

活动过程

1）新添加一块20GB硬盘。

① 执行“虚拟机”——“设置”命令，打开“虚拟机设置”界面，在列表中选择“硬

盘”选项，单击“添加”按钮。

② 在弹出的“添加硬件向导”的页面中，单击“继续”按钮。

③ 选中“创建一个新的虚拟磁盘”单选按钮，单击“继续”按钮。

④ 选择一个硬盘类型时，这里选择“SCSI”类型的硬盘，单击“继续”按钮。

⑤ 设置硬盘空间大小为20GB，单击“继续”按钮。

⑥ 指定硬盘文件时，默认已选中正在运行的虚拟机，单击“完成”按钮，即可完成硬盘的添加。

2）创建硬盘分区。

① 新建硬盘主分区sdb1，设置大小为5GB，并通过p命令进行查看。

```
[root@server1 ~]#fdisk /dev/sdb
命令（输入m帮助）：n
Select（default p）:p
分区号（1–4，默认1）：1
起始扇区（2048–41943039，默认为2048）：
Last扇区，+扇区 or +size{K,M,G} (2048–41943039，默认为41943039)：+5G
命令（输入m帮助）：p
```

② 新建主分区sdb2，设置大小为5GB，并通过p命令进行查看。

```
命令（输入m帮助）：n
Select（default p）:p
分区号（1–4，默认1）：2
起始扇区（默认）：
Last扇区，+扇区 or +size{K,M,G} (默认)：+5G
命令（输入m帮助）：p
```

③ 新建扩展分区sdb3，设置大小为剩余空间（即在输入分区大小的地方直接敲回车），用来建立逻辑分区，并通过p命令进行查看。

```
命令（输入m帮助）：n
Select（default p）:e
已选择分区4
起始扇区（默认）：
Last扇区，+扇区 or +size{K,M,G} (默认):
命令（输入m帮助）：p
```

④ 在扩展分区上，新建逻辑分区sdb5，设置大小为5GB，并通过p命令进行查看。

```
命令（输入m帮助）：n
添加逻辑分区5
起始扇区（默认）：
Last扇区，+扇区 or +size{K,M,G}默认)：+5GB
命令（输入m帮助）：p
```

⑤ 在扩展分区上，新建逻辑分区sdb6设置大小为剩下的所有空间（约等于5GB），并

通过p命令进行查看。

```
命令（输入m帮助）：n
添加逻辑分区6
起始扇区（默认）：
Last扇区，+扇区 or +size{K,M,G}默认):
命令（输入m帮助）：p
```

技能巩固

请同学们根据前面学习到的知识和技能，完成下面的操作。

1）在CentOS 7系统添加一块新的20GB硬盘。

2）创建硬盘分区，主分区1容量为1GB，并将该分区进行格式化。

活动2 建立与挂载文件系统

活动准备

1）启动虚拟机CentOS 7系统。

2）登录系统，管理员账户为root，密码是123456。

3）设置主机名为server1。

活动要求

邕盛科技公司已经将新增的硬盘进行了分区，但是现在还无法使用，必须给各个分区建立文件系统，且需要将硬盘挂载到相应的挂载点，以供各部门使用。分区和挂载点的情况见表5-6。

表5-6 任务的分区和挂载点

分 区	挂 载 点	说 明
/dev/sdb1	/yfb	主分区1挂载到研发部目录
/dev/sdb2	/chb	主分区2挂载到策划部目录
/dev/sdc5	/bjb	逻辑分区1挂载到编辑部目录
/dev/sdc6	/scb	逻辑分区2挂载到市场部目录

活动讨论

请同学们查阅本学习任务的知识及相关资料，讨论与思考，如何实现文件的挂载？

活动要点

硬盘分区后，下一步的工作就是文件系统的建立，这与Windows下的格式化硬盘类似。在硬盘分区上建立文件系统会冲掉分区上的数据，而且不可恢复，因此在建立文件系统之前要确认分区上的数据不再使用。在硬盘上建立好文件系统之后，还需要把新建立的文件系统挂载到系统上才能使用。文件系统所挂载到的目录被称为挂载点（mount point）。文件系统的创建以及挂载需要用到以下命令，见表5–7。

表5–7　创建和挂载文件命令

命　令	功　能
mkfs	创建文件系统
fsck	检查文件系统的正确性
mount	挂载文件

活动过程

注意

本活动应在完成“活动1”的基础上进行操作。

1. 建立与检查文件系统

1）创建文件系统命令mkfs。

```
[root@server1 ~]#mkfs –t ext4 /dev/sdb1
//将/dev/sdb1格式化，并设置为创建的ext4文件系统类型
```

注意

其他分区的文件系统建立方法，同sdb1。

2）检查文件系统的正确性命令fsck。

```
[root@server1 ~]fsck --t ext4 /dev/sdb1 –r
//检查/dev/sdb1是否正常，如果有异常则自动修复：
```

注意

其他分区的文件系统检查方法，同sdb1。

2. 文件系统的挂载命令

1）新建目录/yfb，将/dev/sdb1挂载到/yfb。

```
[root@server1 ~]#mkdir /yfb
[root@server1 ~]#mount /dev/sdb1 /yfb
```

2）新建目录/chb，将/dev/sdb2挂载到/chb。

```
[root@server1 ~]#mkdir /chb
[root@server1 ~]#mount /dev/sdb2 /chb
```

3）新建目录/bjb，将/dev/sdb5挂载到/bjb。

```
[root@server1 ~]#mkdir /bjb
[root@server1 ~]#mount /dev/sdb5 /bjb
```

4）新建目录/scb，将/dev/sdb6挂载到/scb。

```
[root@server1 ~]#mkdir /scb
[root@server1 ~]#mount /dev/sdb6 /scb
```

3. 文件系统的自动挂载

通过编辑/etc/fstab文件可以实现每次开机自动挂载文件系统，在/etc/fstab中列出了引导系统时需要挂载的文件系统以及文件系统的类型和挂载参数。

1）查看/etc/fstab文件的内容。

```
[root@server1 ~]#cat /etc/fstab
[root@server1 ~]#vi /etc/fstab
```

2）为实现每次开机自动将文件系统类型为Ext4的分区/dev/sdb1自动挂载到/sdb1目录下，需要在/etc/fstab文件中添加下面一行的内容。

```
[root@server1 ~]#vi /etc/fstab
```

在最后一行添加以下语句：

```
/dev/sdb1     /yfb     ext4   defaults  0 0
```

保存并退出后，重新启动或重新挂载系统，系统自动将/dev/sdb1挂载到/yfb。重启之后输入密码：123456。文件系统可以被挂载也可以被umount命令卸载。

3）通过df命令查看。

```
[root@server1 ~]#df
```

4）使用umount命令卸载。

```
[root@server1 ~]#umount /dev/sdb1 /yfb
```

技能巩固

请同学们根据前面学习到的知识和技能，完成下面的操作。

1）新建硬盘分区，添加一块20GB硬盘。

2）将硬盘划分为3个主分区和3个逻辑分区，各分区容量大小见表5-8。

3）使用mkfs命令分别格式化这几个分区（sdc1、sdc2、sdc3、sdc5、sdc6、sdc7）。

4）新建目录：/test、/backup、/userfile。

5）分别用挂载命令mount将这几个分区挂载到对应的目录下，见表5-9。

表5–8　各分区容量分配

分　区	容　量
主分区1	6GB
主分区2	2GB
主分区3	800MB
逻辑分区1	3GB
逻辑分区2	3GB
逻辑分区3	5GB

表5–9　各分区对应的挂载点

分　区	挂　载　点
/dev/sdc1	/backup
/dev/sdc3	/test
/dev/sdc5	/var
/dev/sdc6	/userfile
/dev/sdc7	/home

考核评价

班　级		姓　名	
一、知识目标掌握情况(30分)			
评 价 内 容	自　评	互　评	师　评
1. 了解硬盘分区的功能和种类 2. 理解fdisk、mkfs、fsck、mount命令的参数说明 3. 掌握新建硬盘分区的方法 4. 掌握文件系统建立、挂载的方法	□理解 10分 □基本理解 6分 □不理解 3分	□理解 10分 □基本理解 6分 □不理解 3分	□理解 10分 □基本理解 6分 □不理解 3分
二、能力目标掌握情况(60分)			
评 价 内 容	自　评	互　评	师　评
1. 能够正确使用fdisk工具管理硬盘分区 2. 能够正确设置文件系统的挂载 3. 能够正确使用mkfs建立与检查文件系统	□完成 20分 □基本完成 15分 □未完成 5分	□完成 20分 □基本完成 15分 □未完成 5分	□完成 20分 □基本完成 15分 □未完成 5分
三、学生专业素质(10分)			
评 价 内 容	自　评	互　评	师　评
学习态度：认真听课、积极回答问题 基本素养：纪律好、正确使用手机、不迟到、不早退	□优秀 3分 □良好 2分 □合格 1分	□优秀 3分 □良好 2分 □合格 1分	□优秀 4分 □良好 3分 □合格 1分
总分	知识得分	能力得分	素质得分

任务6
配置与管理Samba服务器

任务情境

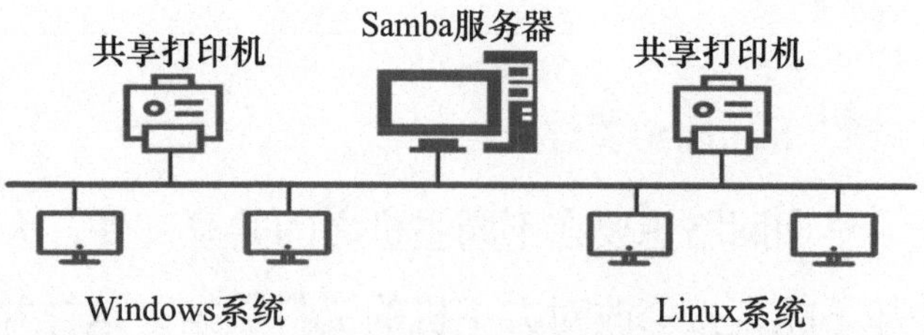

Samba服务器网络拓扑图

邕盛科技公司组建了一个中小型网络，你是公司的系统管理员，现需要搭建一台Samba服务器，实现Windows和Linux不同系统间的资源共享。现创建一个名为share的共享目录，该共享目录下的资源允许所有员工访问，使内部信息交流更方便快捷；根据各部门的工作性质及数据保密性，现分门别类地创建各个部门的共享目录，并只允许本部门员工访问，外部员工无权访问。

学习目标

知识目标

- 掌握用户账户和组群的功能及作用
- 掌握Samba服务器的概述和作用
- 掌握Samba的环境及协议
- 理解Samba的工作原理
- 掌握安装配置Samba服务器的方法
- 掌握访问权限的类型

能力目标

- 能够正确安装并启动Samba服务
- 能够正确设置smb.conf配置文件
- 能够正确配置Samba服务密码文件
- 能够正确创建共享目录
- 能够正确使用share安全级别模式，配置Samba
- 能够正确设置用户账户映射
- 能够正确使用IP地址、域名、通配符进行访问控制

素质目标

- 培养学生自主探究以及团队协作能力，提高职业实战能力
- 培养学生求真务实、开拓进取、刻苦钻研的学习精神

知识储备

一、Samba服务器

想一想

请同学们查阅本学习任务的知识及相关资料，讨论与思考，Samba服务器有什么作用？

____

____

1. Samba概述

早期网络想要在不同主机之间共享文件，大多要用FTP来传输，但FTP仅能做到传输文件却不能直接修改对方主机的资料数据，这样并不方便，因此便出现了NFS（Network File System）文件共享程序。NFS是一个能够将多台Linux的远程主机数据挂载到本地目录的服务，属于轻量级的文件共享服务，但不支持Linux与Windows系统间的文件共享。而Samba最大的功能就是可以用于Linux与Windows系统之间的文件共享和打印共享，可以将其架设成一个功能非常强大的文件服务器，也可以将其架设成打印服务器提供本地和远程联机打印服务，甚至可以使用Samba server 完全取代NT/2K/2K3中的域控制器，进行域管理工作。

2. SMB协议

SMB（Server Message Block）通信协议可以看作是局域网上共享文件和打印机的一种协议。它是Microsoft和Intel在1987年制定的协议，主要作为Microsoft网络的通信协议，而Samba则是将SMB协议搬到UNIX系统上来使用。通过“NetBIOS over TCP/IP”，使用Samba不但能与局域网络主机共享资源，也能与全世界的计算机共享资源，因为互联网上千千万万的主机所使用的通信协议都是TCP/IP。SMB是在会话层和表示层以及小部分的应用层的协议，SMB使用了NetBIOS的应用程序接口API。

想一想

请同学们查阅本学习任务的知识及相关资料，讨论与思考，Samba服务器处理数据由哪几个进程组成？

____

____

3. Samba工作原理及进程

想要了解Samba的工作原理，必须了解网络基本输入/输出系统（Network Basic Input/Output System，NetBIOS）协议，因为Samba就是基于NetBIOS协议实现的。根据NetBIOS

协议的规定，在一个局域网中进行通信的主机必须有一个唯一的名称，这个名称被称为NetBIOS Name。NetBIOS Name就像是计算机的“身份证号码”，用于在通信过程中标识通信双方的身份信息。在NetBIOS协议下，两台主机的通信一般要经历以下两个步骤。

1）登录对方主机。要想登录某台对方主机，必须将对方的主机和自己的主机加入相同的群组（workgroup）中；在这个群组中，每台主机都有唯一的NetBIOS Name，并通过NetBIOS Name定位对方主机。

2）访问共享资源。根据对方主机提供的权限访问共享资源。有时候，即使能够登录对方主机，也不代表可以访问其所有的资源，这取决于对方主机开放了哪些资源及每种资源的访问权限。

Samba服务通过两个守护进程来支持以上两个步骤。

1）nmbd：用来处理和NetBIOS Name相关的名称解析服务及文件浏览服务。可以把它看作Samba自带的域名解析服务。默认情况下，nmbd守护进程绑定到UDP的137和138端口上。

2）smbd：提交文件和打印机共享服务，以及用户验证服务，这是Samba服务的核心功能。默认情况下，smbd守护进程绑定到TCP的139和445端口上。

正常情况下，当启动Samba服务后，主机就会启用137、138、139和445端口，并启用相应TCP/UDP监听服务。Samba服务器的工作原理，如图6–1。

图 6-1

4. Samba服务程序中的参数及其说明

CentOS 7的smb.conf配置文件很精简，只有37行左右。如果要更清楚地了解配置文件，可以研读smb.conf.example。Samba开发族按照功能不同，对smb.conf文件进行了分段划分，条理非常清楚。Samba服务程序主配置文件的参数及其说明见表6–1。

表6-1　Samba服务程序主配置文件的参数及其说明

参　数		说　明
[global] 全局参数	workgroup = MYGROUP	工作组名称，比如：workgroup=SmileGroup
	server string = Samba Server Version %v	服务器描述，参数%v为显示SMB版本号
	log file = /var/log/Samba/log.%m	定义日志文件的存放位置与名称，参数%m为来访的主机名
	max log size = 50	定义日志文件的最大容量为50KB
	security = user	安全验证的方式共有4种，例如：security=user
	share	来访主机无须验证口令；比较方便，但安全性很差
	user	需验证来访主机提供的口令后才可以访问；提升了安全性，是系统默认方式
	server	使用独立的远程主机验证来访主机提供的口令（集中管理账户）
	domain	使用域控制器进行身份验证
	passdb backend = tdbsam	定义用户后台的类型，共有3种
	smbpasswd	使用smbpasswd命令为系统用户设置Samba服务程序的密码
	tdbsam	创建数据库文件并使用pdbedit命令建立Samba服务程序的用户
	ldapsam	基于LDAP服务进行账户验证
	load printers = yes	设置在Samba服务启动时，用于确定是否共享打印机设备
	cups options = raw	打印机的选项
[homes] 共享参数		共享参数
	comment = Home Directories	描述信息
	browseable = no	指定共享信息是否在“网上邻居”中可见
	writable = yes	定义是否可以执行写入操作，与“read only”相反
[printers] 打印机共享参数	Printable=yes	定义是否可以打印

选一选

请同学们查阅本学习任务知识及相关资料，讨论与思考。

1）Samba所提供的安全性级别包括（　　）。

A. share　　B. user　　C. server　　D. domain

2）（　　）命令允许修改Samba用户的口令。

A. passwd　　B. mksmbpasswd

C. password　　D. smbpasswd

5. Samba服务密码文件

Samba服务器发布共享资源后，客户端访问Samba 服务器需要提交用户名和密码进行身份验证，验证合格后才可以登录。Samba 服务器为了实现客户身份验证功能，将用户名和密码信息存放在“/etc/Samba/smbpasswd”文件中。在客户端访问时，将用户提交的资料与smbpasswd文件中存放的信息进行比对，当二者相同且资料符合Samba服务器的其他安全设置许可时，客户端与Samba服务器才能成功连接。

二、yum（Yellow dog Updater，Modified）介绍

yum基于rpm包管理，能够从指定的服务器自动下载rpm包并进行安装，可以自动处理依赖性关系，并能一次安装所有依赖的软件包。

做一做

1）Samba的配置文件一般放在__________目录中，主配置文件名为__________。

2）请简述Samba服务器的应用环境。

____

____

小贴士

Samba 服务器是 Windows 系统和 Linux 系统沟通的桥梁，可以实现两种系统间的资源共享服务。现在不是“酒香不怕巷子深”的时代，无论在生活还是学习中，只有通过分享才能让更多的人知道我们，也才能有机会去接触到更大的发展平台。分享就是得到，而故步自封无法进步；因此把我们的所思所想分享出去并对别人有了帮助，才能成就我们自己，并有机会走向更大的舞台。

活动1 匿名用户访问共享服务

活动准备

1）启动虚拟机一台CentOS 7系统和一台Windows系统。

2）登录CentOS 7系统，管理员账户为root，密码是123456。

3）设置主机名依次为server1和 client1。

活动要求

邕盛科技公司现安装一台Samba服务器作为文件服务器，设置工作组为Workgroup，发布共享目录/share，共享名为share，在该共享目录下的资源可允许所有员工访问，通过配置security=share使所有登录用户采用匿名账户nobody访问，且只具有读取和执行的权限。

实训环境参数配置说明见表6-2。

表6-2　实训环境参数配置说明

主机名称	操作系统	IP地址	角　色
server1	CentOS 7	192.168.100.1/24	Samba服务器，NAT模式
client1	Windows 10	192.168.100.10/24	Windows客户端，NAT模式，测试Samba共享服务
虚拟网卡VMnet8，IP地址192.168.100.8/24			

活动讨论

请同学们查阅本学习任务的知识及相关资料，思考并讨论，Samba服务器的安全模式有哪些？

____

____

活动要点

1. Samba的安全级别

Samba的安全级别及其功能见表6-3。

表6-3　安全等级及功能

安全等级	功　能
share	采用此等级时，用户不需要账号和密码即可登录Samba服务器
user	Samba服务器默认的安全等级，每个登录的用户都需要提供账号和密码才能登录Samba服务器
server	在此等级下，当使用者从Windows使用Samba服务器所提供的资源时，会传送登录“网上邻居”的账号和密码给Samba服务器，然后Samba会根据“password server = ”项目中所指定的主机验证是否正确
domain	当执行的环境已经有了域控制器，为了统一可以将验证账号和密码的功能交给域控制器来处理，如此就不需要一一为每个账号在Samba服务器重新设定密码

2. 共享服务常见字段

共享服务常见字段及定义见表6-4。

表6-4　共享服务常见字段及定义

常见字段	定　义
comment	备注信息，共享资源描述，方便用户查看时了解共享资源
path	绝对地址路径，共享资源的原始完整路径，务必正确指定
public	设置匿名访问，是否允许对共享资源进行匿名访问；yes代表允许，no代表禁止
read only	设置用户读写权限，yes代表只读，no代表可读写
writable	设置用户可写权限，yes代表可写，no代表只读
browseable	设置客户端可浏览共享目录，yes代表可浏览，no代表隐藏
valid users	客户端访问控制，valid users = 用户名，“@+组名”代表设置可访问的用户和组
hosts allow	表示允许访问的IP子网
hosts deny	表示被禁止访问的IP子网

活动过程

1）先配置好server1网络参数：IP、子网掩码、网关及DNS地址。

```
[root@server1~]#vi /etc/sysconfig/network-scripts/ifcfg-ens33
BOOTPROTO=dhcp  //改为 static
ONBOOT=no //改为 yes
IPADDR=192.168.100.1    //IP地址
NETMASK=255.255.255.0   //子网掩码
GATEWAY=192.168.100.254   //网关
DNS1=192.168.100.1  //DNS地址
：wq   //保存退出
[root@server1~]#systemctl restart network    //重启网卡
[root@server1~]# ip a  //查看网卡信息
[root@server1~]#ping 192.168.100.1
```

2）在server1挂载本地yum源。

```
[root@server1~]# cd /etc/yum.repos.d
[root@server1~]# mv CentOS-Base.repo  CentOS-Base.repo.backup
[root@server1 yum.repos.d]# vi CentOS-Media.repo   //编辑该文件（注意区分大小写）
baseurl=file:///media/ CentOS/    //改为：//mnt
gpgcheck=1 //改为0
enabled=0   //改为1
：wq  //保存退出
//连接光盘
[root@server1 yum.repos.d]# mount /dev/sr0  /mnt //挂载镜像
mount: /dev/sr0 is write-protected,mounting read-only    //将以只读方式挂载
```

注意

CentOS-Base.repo是yum网络源的配置文件，CentOS-Media.repo是yum本地源的配置文件；将yum网络源配置文件改名CentOS-Base.repo.backup后，会直接从本地源读。

3）在server1安装并配置Samba服务。

```
[root@server1 ~]# yum  install  samba  samba-c  -y  //进入Samba主目录
[root@server1 ~]#vi /etc/samba/smb.conf
[global]
workgroup = Workgroup     //设置Samba服务器工作组名为Workgroup
security = user  //设置用户范文Samba服务器的验证方式为user
passdb backend = tdbsam  //定义用户后台类型
//添加下面的语句：
 map to guest = bad user              //允许用户匿名访问
 //在最后添加下面的内容：
 [share]
  comment=share   //设置共享目录的共享名为share
```

```
path=/share                          //设置共享目录的绝对路径为/share
guest ok=yes                         //允许匿名用户访问
browseable=yes                       //在客户端显示共享的目录
read only =yes                       //允许只读
```

注意

先备份smb.conf配置文件有助于在发现错误时从备份文件中恢复主配置文件。

4）在server1创建share目录，并在其下创建测试文件。

```
[root@server1 ~]# mkdir /share
[root@server1 ~]# touch /share/test.doc
[root@server1 ~]# chmod 775 /share
```

5）重启服务关闭防火墙。

```
[root@server1 Samba]# systemctl restart smb    //重启smb服务
[root@server1 Samba]# systemctl stop firewalld  //关闭防火墙
[root@server1 Samba]# setenforce 0    //临时关闭selinux
```

注意

在Linux系统中，当更改服务配置文件后，一定记得重启服务，让服务重新加载配置文件，这样新的配置文件才可以生效。

6）在client1中配置网络参数为：192.168.100.10/24，并与server1互相ping通。

7）Samba服务配置验证：在client1访问Linux的共享文件。

在client1的“网络”地址栏中输入192.168.100.1时，不需要输入账户和密码就可以直接登录Samba服务器并访问共享目录/share了，如图6-2所示。

图 6-2

删除test.doc，出现如图6–3所示的提示。

图 6-3

技能巩固

请同学们根据前面学习的知识和技能，完成以下操作。

邕盛科技公司有一个Samba服务器，现根据需求创建共享目录public，工作组为workgroup，共享目录为/public，要求允许浏览、允许只读、允许所有员工匿名访问。

活动2 用户口令访问共享服务

活动准备

1）启动虚拟机一台CentOS 7系统和一台Windows系统。

2）登录CentOS 7系统，管理员账户为root，密码是123456。

3）设置主机名依次为server1和client1。

活动要求

邕盛科技公司有多个部门信息资源交互，因研发部的数据涉及企业内部重要客户信息，为防止数据外传泄露，保障客户信息安全，现需将研发部资料存放在Samba服务器的/companydata/yanfabu目录下集中管理。

给每位研发部人员设置Samba账户及口令，将全局配置中的security设置为user安全级别，以启用Samba服务器的用户口令身份验证机制，在共享目录/companydata/yanfabu下设置valid users字段，要求只允许研发部的员工能够访问这个共享目录，其他员工无权访问。

实训环境参数配置需求见表6–5。

表6–5　实训环境参数配置需求

主机名称	操作系统	IP地址	角　色
server1	CentOS 7	192.168.100.1/24	Samba服务器，NAT模式
client1	Windows 10	192.168.100.10/24	Windows客户端，NAT模式
虚拟网卡VMnet8，IP地址192.168.100.8/24			

活动讨论

请同学们思考，如何有效设置Samba账户？

____

____

活动要点

1. chown命令

利用chown将指定文件的拥有者改为指定的用户或组；用户可以由用户名或者用户ID组成，组可以由组名或者组ID组成；文件是以空格分开的要改变权限的文件列表，支持通配符。

命令格式：chown [参数] [要更改的用户名].[要更改的组名] [文件或者路径]

chown命令常用的参数及功能见表6–6。

表6–6　chown命令常用的参数及功能

参　数	功　能
–c	效果类似“–v”参数，但仅回报更改的部分
–f	不显示错误信息
–h	只对符号连接的文件做修改，而不更改其他任何相关文件
–R	递归处理，将指定目录下的所有文件及子目录合并处理
–v	显示指令执行过程

2. 设置Samba的权限

除了对客户端访问进行有效的控制外，还需要控制客户端访问共享资源的权限。如果只用writable字段，则无法满足特殊情况，因为当writable=yes时，表示所有人都可以写入；

而当writable=no时，表示所有人都不可以写入，这时就需要用到write list字段。

命令格式：write list=用户名

write list=@用户组

活动过程

1）先配置好server1网络参数：IP、子网掩码、网关、DNS地址。

```
[root@server1~]#vi /etc/sysconfig/network-scripts/ifcfg-ens33
BOOTPROTO=dhcp  //改为 static
ONBOOT=no //改为 yes
IPADDR=192.168.100.1    //IP地址
NETMASK=255.255.255.0   //子网掩码
GATEWAY=192.168.100.254   //网关
DNS1=192.168.100.1  //DNS地址
: wq   //保存退出
[root@server1~]#systemctl  restart network    //重启网卡
[root@server1~]# ip a  //查看网卡信息
[root@server1~]#ping 192.168.100.1
```

2）在server1挂载本地yum源。

```
[root@server1~]# cd /etc/yum.repos.d
[root@server1~]# mv CentOS-Base.repo  CentOS-Base.repo.backup
[root@server1 yum.repos.d]# vi CentOS-Media.repo   //编辑该文件（注意区分大小写）
baseurl=file:///media/ CentOS/   //改为：//mnt
gpgcheck=1  //改为0
enabled=0  //改为1
: wq  //保存退出
//连接光盘
[root@server1 yum.repos.d]# mount /dev/sr0 /mnt  //挂载镜像
mount: /dev/sr0 is write-protected,mounting read-only   //将以只读方式挂载
```

3）安装Samba服务器。

```
[root@server1 /]# yum  install  samba  samba-c  -y   //安装Samba服务器
```

4）创建共享目录，并在其下建立测试文件。

```
[root@server1 ~]# mkdir  /companydata
[root@server1 ~]# mkdir  /companydata/yanfabu  //创建研发部共享目录yanfabu
[root@server1 ~]# touch  /companydata/yanfabu/yanfa.tar    //tar压缩文件
```

5）添加销售部用户和组并添加相应的Samba账号。

①使用groupadd命令添加yanfabu组，然后执行useradd命令和passwd命令以添加研发部员工的账号及密码。此处单独增加一个不属于yanfabu组的ch1账号，供测试用。

```
[root@server1 ~]# groupadd  yanfabu             //建立研发部yanfabu
[root@server1 ~]# useradd  -g  yanfabu  yf1     //创建yf1用户，并添加到yanfabu组
[root@server1 ~]# useradd  -g  yanfabu  yf2     //创建yf2用户，并添加到yanfabu组
[root@server1 ~]# useradd  ch1                  //代表策划部员工，供测试用
[root@server1 ~]# passwd  yf1                   //设置用户yf1密码为123
[root@server1 ~]# passwd  yf2                   //设置用户yf2密码为123
[root@server1 ~]# passwd  ch1                   //设置用户ch1密码为123
```

② 为研发部成员添加相应的Samba账号及密码。

```
[root@server1 ~]# smbpasswd  -a  yf1
[root@server1 ~]# smbpasswd  -a  yf2
```

注意

Samba账号并不能直接创建，需要先创建同名的Linux 系统账号。不要将Samba用户的密码与本地系统用户的密码设置成相同的，这样可以避免非法用户使用Samba账号登录Linux系统。

6）配置Samba服务smb.conf文件。

```
[root@server1~]#vi /etc/samba/smb.conf
[global]
        workgroup = Workgroup
        security = user                 //设置user安全级别模式，默认值
        passdb backend = tdbsam
        printing = cups
        printcap name = cups
        load printers = yes
        cups options = raw
//在后面添加下面的内容:
[yanfabu]
        comment=yanfabu        //设置共享目录的共享名为yanfabu
        path=/companydata/yanfabu          //设置共享目录的绝对路径
        writable = yes      //设置共享是否具有可写权限
        browseable = yes      //在客户端显示共享的目录
        valid users = @yanfabu           //设置可以访问的用户为yanfabu组
```

注意

Samba的主配置文件只有一个smb.conf，所有账号的访问都要遵守该配置文件的规则，为了实现个别用户的特殊需求，可以给不同需求的用户或组分别创建相应的配置文件并单独设置特定的功能。

例如：cp smb.conf smb.conf.yf   //为yf账号创建独立的配置文件

7）设置共享目录的本地系统权限。

```
[root@server1 ~]# chmod  777  /companydata/yanfabu  - R
//-R参数：对目前目录下的所有档案与子目录进行相同的权限变更
[root@server1 ~]# chown  yf1:yanfabu  /companydata/yanfabu  -R
[root@server1 ~]# chown  yf2:yanfabu  /companydata/yanfabu  -R
```

8）重启服务，关闭防火墙。

```
[root@server1 Samba]# systemctl restart smb    //重启smb服务
[root@server1 Samba]# systemctl stop firewalld   //关闭防火墙
[root@server1 Samba]# setenforce 0    //临时关闭selinux
```

9）在client1配置网络参数为192.168.100.10/24，互相ping通。

10）Samba服务配置验证：在client1访问Linux的共享文件。

在client1的“网络”地址栏中输入192.168.100.1。弹出Windows安全对话框，输入账户和密码，如yf1，登录后可以正常访问，如图6-4～图6-7所示。

图 6-4

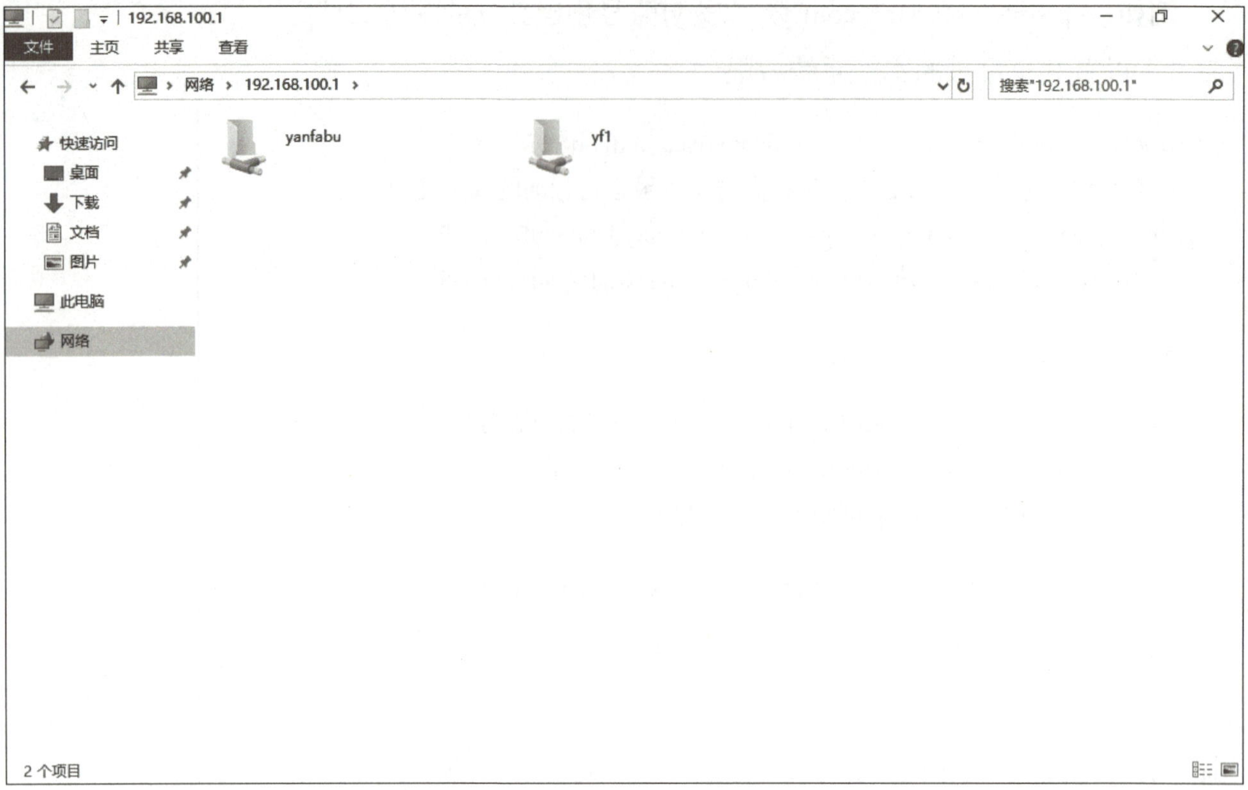
192.168.100.1
文件
主页
共享
查看
网络
192.168.100.1
搜索"192.168.100.1"
快速访问
桌面
下载
文档
图片
此电脑
网络
yanfabu
yf1
2 个项目

图　6-5

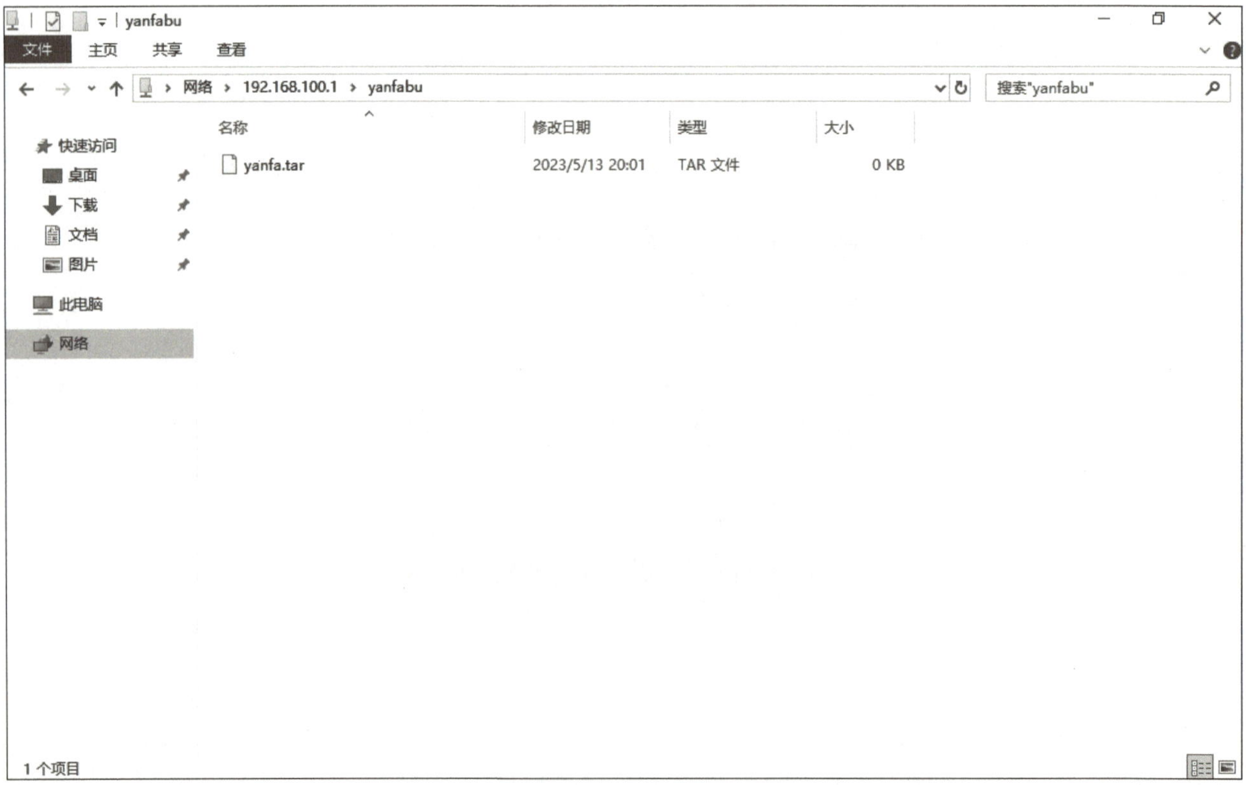
yanfabu
文件
主页
共享
查看
网络
192.168.100.1
yanfabu
搜索"yanfabu"
快速访问
桌面
下载
文档
图片
此电脑
网络
名称
修改日期
类型
大小
yanfa.tar
2023/5/13 20:01
TAR 文件
0 KB
1 个项目

图　6-6

图 6-7

注意

在命令提示符窗口输入命令“net use /del *”清除缓存，就会再次弹出登录对话框，继续使用yf2登录测试，如图6-8～图6-10所示。

图 6-8

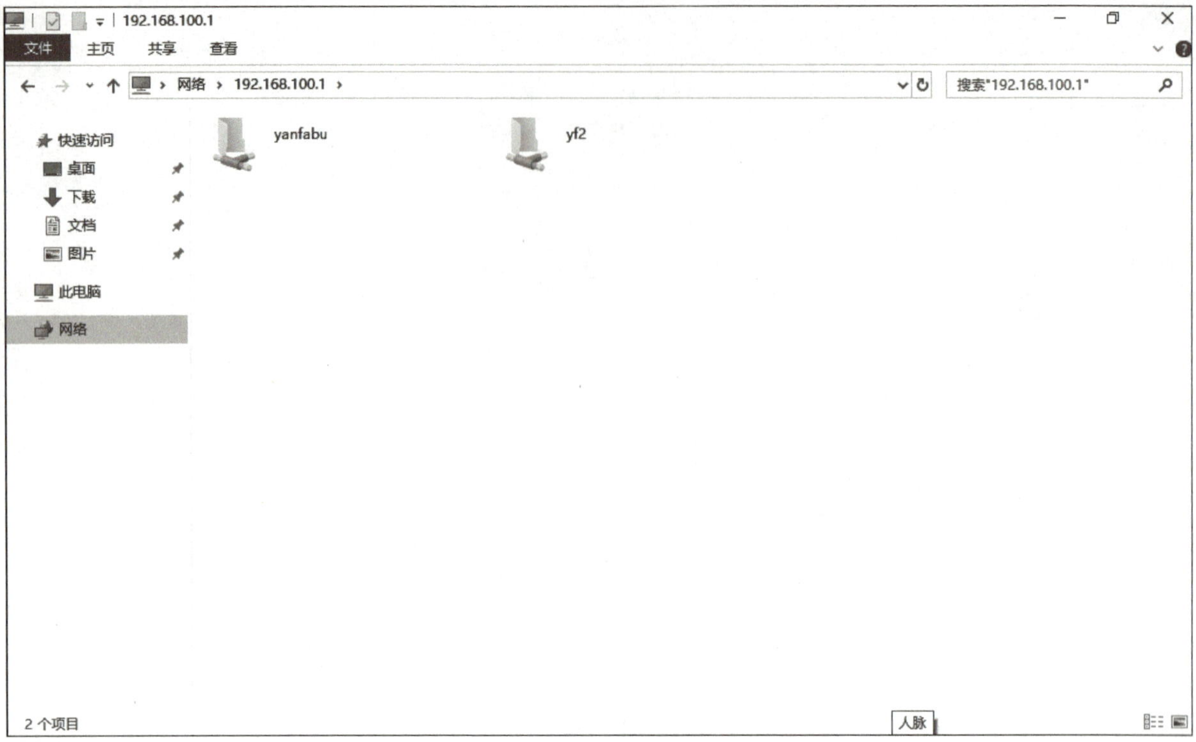
192.168.100.1
文件
主页
共享
查看
网络 › 192.168.100.1 ›
搜索"192.168.100.1"
快速访问
桌面
下载
文档
图片
此电脑
网络
yanfabu
yf2
2 个项目
人脉

图 6-9

yf2
文件
主页
共享
查看
网络 › 192.168.100.1 › yf2
搜索"yf2"
快速访问
桌面
下载
文档
图片
此电脑
网络
名称
修改日期
类型
大小
研发部文件
2023/5/13 20:27
文本文档
0 KB
1 个项目

图 6-10

11）试一试使用ch1用户和密码登录，如图6-11和图6-12所示。

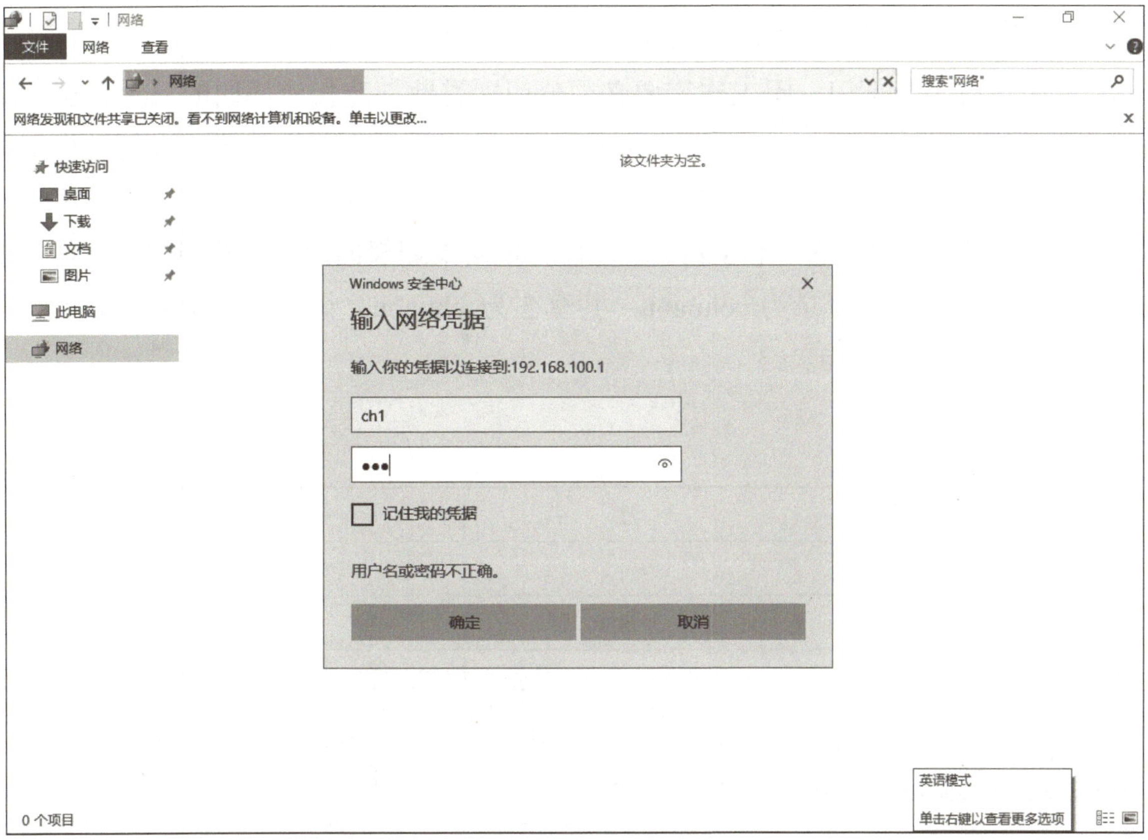

图 6-11

图 6-12

技能巩固

请同学们根据前面学习的知识和技能，完成以下操作。

1）某公司有多个部门，因工作需要必须分门别类地创建相应部门的目录，现要求将销售部的资料存放在Samba服务器的/companydata/sales目录下集中管理，以便销售人员浏览，并且该目录只允许销售部员工访问。

2）邕盛科技公司已配置一台Samba服务器，现给策划部创建一个部门共享文件，工作组名为Workgroup、共享目录为/cehuabu、共享名为cehuabu，该共享目录只允许策划部员工访问，其他员工无权访问。

考核评价

班　级		姓　名				
一、知识目标掌握情况（30分）						
评 价 内 容		自　评		互　评		师　评
1. 了解Samba服务器的概念 2. 了解Samba服务器的功能 3. 掌握Samba服务器的工作原理 4. 掌握安装配置Samba服务器的方法		□理解　10分 □基本理解　6分 □不理解　3分		□理解　10分 □基本理解　6分 □不理解　3分		□理解　10分 □基本理解　6分 □不理解　3分
二、能力目标掌握情况（60分）						
评 价 内 容		自　评		互　评		师　评
1. 能够正确安装并启动Samba服务器 2. 能够正确设置smb.conf配置文件 3. 能够正确设置share安全级别模式		□完成　20分 □基本完成　15分 □未完成　5分		□完成　20分 □基本完成　15分 □未完成　5分		□完成　20分 □基本完成　15分 □未完成　5分
三、学生专业素质（10分）						
评 价 内 容		自　评		互　评		师　评
学习态度：认真听课、积极回答问题 基本素养：纪律好、正确使用手机、不迟到、不早退		□优秀　3分 □良好　2分 □合格　1分		□优秀　3分 □良好　2分 □合格　1分		□优秀　4分 □良好　3分 □合格　1分
总分		知识得分		能力得分		素质得分

任务7
配置与管理DHCP服务器

任务情境

崑盛科技公司组建了一个中小型网络，你作为公司的网络管理员，现在需要给各部门员工的计算机配置IP地址，以实现公司计算机之间的网络通信。手动配置IP地址的方式不仅烦琐还容易导致地址冲突。为了能更方便、简捷地完成这些工作，现需要通过动态主机配置协议（Dynamic Host Configuration Protocol，DHCP）来自动为客户端配置IP地址、默认网关等信息。

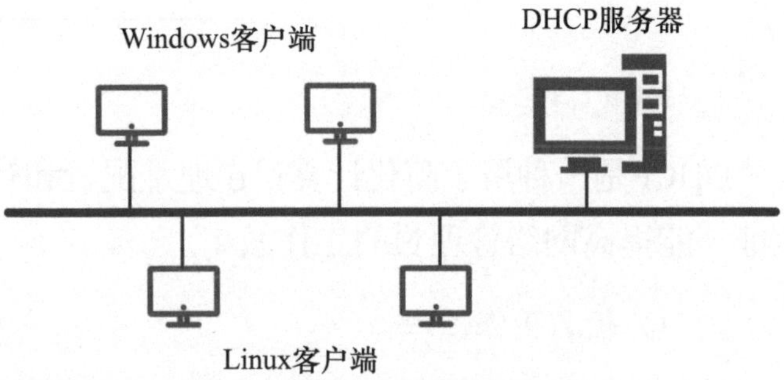

DHCP服务器网络拓扑图

学习目标

知识目标

- 掌握DHCP服务器的概念及功能
- 理解DHCP服务器的工作原理
- 掌握DHCP服务器分配给客户端的IP地址类型
- 掌握安装和配置DHCP服务器的方法
- 掌握IP地址规划的方法

能力目标

- 能够正确进行IP地址规划
- 能够正确安装并启动DHCP服务器
- 能够正确配置DHCP主配置文件
- 能够正确划分IP地址
- 能够正确配置DHCP服务器端
- 能够正确在客户端测试IP地址分配情况

素质目标

- 培养学生自主探究以及团队协作的能力，并使学生具备职业实战的能力
- 培养学生精益求精、不断创新的职业精神

知识储备

一、DHCP概述

想一想

请同学们查阅本学习任务的知识及相关资料，讨论与思考，IP地址分配类型中的动态和静态分配有什么区别？

____

____

1. DHCP定义

DHCP是一种用于简化计算机IP地址配置和管理的网络协议，可以自动为计算机分配IP地址，能提高网络管理员的工作效率。

2. DHCP工作过程

DHCP采用客户机/服务器模式运行，并采用UDP作为网络层传输协议。在DHCP服务器上安装和运行DHCP软件，DHCP客户端从DHCP服务器获取IP地址及其相关参数。DHCP动态分配IP地址的方式及说明见表7-1。

表7-1　DHCP动态分配IP地址的方式及说明

分配IP地址方式	说　明
自动分配	永久租用。DHCP客户端从DHCP服务器获取一个IP地址后，可以永久使用。DHCP服务器不会再将这个IP地址分配给其他DHCP客户端
动态分配	限定租期。DHCP客户端获得的IP地址只能在一定期限内使用，这个期限就是DHCP服务器提供的“租约”。一旦“租约”到期，DHCP服务器可以收回这个IP地址并分配给其他DHCP客户端使用
手动分配	保留地址。DHCP服务器根据网络管理员的设置将指定的IP地址分配给DHCP客户端，一般是将DHCP客户端的物理地址（MAC地址）与IP地址绑定起来，以确保DHCP客户端每次都可以获得相同的IP地址

DHCP客户端和服务器申请IP地址、获得IP地址的过程一般分为4个阶段，如图7-1所示。

图　7-1

对DHCP客户端和DHCP服务器的交互过程的描述见表7-2。

表7-2 DHCP客户端和DHCP服务器的交互过程

DHCP工作过程	报 文
DHCP客户端发送IP地址租用请求	广播方式发送DHCP发现报文（DHCP Discover）
DHCP服务器提供IP地址	DHCP服务器收到发现报文后，广播发送DHCP提供报文（DHCP Offer）给DHCP客户端
DHCP客户端进行IP地址租约选择	客户端收到DHCP Offer报文后，广播方式发送DHCP请求报文（DHCP Request）信息包作为回应
DHCP服务器进行IP地址租用确认	服务器收到DHCP Request信息包后，广播方式向客户端发送一个DHCP确认报文（DHCP Acknowledge）

做一做

请同学们查阅本学习任务的知识及相关资料，讨论与思考，当客户端需要更新该IP地址租用期时，需要发送什么信息包给原始信息的服务器呢？

____

____

二、DHCP服务程序

1. DHCP服务程序常用参数及其作用

参数主要用于设置服务器和客户端的动作或者决定是否执行某些任务，如设置IP地址租约时间、是否检查客户端所用的IP地址等。DHCP服务常用的参数及作用见表7-3。

表7-3 DHCP服务常用的参数及作用

参 数	作 用
ddns-update-style [类型]	定义DNS服务动态更新的类型，类型包括none（不支持动态更新）、interim（互动更新模式）与ad-hoc（特殊更新模式）
[allow | ignore] client-updates	允许/忽略客户端更新DNS记录
default-lease-time 600	默认超时时间，单位是秒
max-lease-time 7200	最大超时时间，单位是秒
option domain-name-servers 192.168.100.1	定义DNS服务器IP地址
option domain-name "domain.org"	定义DNS域名
range 192.168.100.10 192.168.100.100	定义用于分配的IP地址池和地址范围
option subnet-mask 255.255.255.0	定义客户端的子网掩码
option routers 192.168.100.254	定义客户端的网关地址
broadcase-address 192.168.100.255	定义客户端的广播地址
ntp-server 192.168.100.1	定义客户端的网络时间服务器（NTP）
nis-servers 192.168.100.1	定义客户端的NIS域服务器的地址
Hardware 3a:b5:cd:32:65:12	指定网卡接口的类型与MAC地址
server-name mydhcp.smile.com	向DHCP客户端通知DHCP服务器的主机名
fixed-address 192.168.100.105	将某个固定的IP地址分配给指定主机

声明一般用来指定IP地址作用域、定义为客户端分配的IP地址池等。选项通常用来配置DHCP客户端的可选参数，选项内容都是以option关键字开始的。绑定DHCP中的IP地址用于给客户端分配固定的IP地址。关于DHCP常用声明、选项和IP地址绑定的格式和使用方法见表7–4。

表7–4　DHCP常用声明、选项和IP地址绑定的格式和使用方法

介　绍	格　式	使用方法	作　用
常用声明	Subnet 网络号 network 子网掩码{…}	Subnet 192.168.100.0 mask 255.255.255.0 {　}	定义作用域，指定子网
	range dynamic–bootp 起始IP地址 结束IP地址	range dynamic–bootp 192.168.100.10 192.168.100.100	指定动态IP地址范围
常用选项	option routes IP 地址	option routes 192.168.100.254	为客户端指定默认网关
	option subnet–mask 子网掩码	option subnet–mask 255.255.255.0	设置客户端的子网掩码
	option domain–name–servers IP地址	option domain–name–servers 192.168.100.1	为客户端指定DNS服务器地址
IP地址绑定	host 主机名{…}	host computer1	定义保留地址
	hardware 类型硬件地址	hardware Ethernet 3a:b5:cd:32:65:12	定义网络接口类型和硬件地址
	fixed–address IP地址	fixed–address 192.168.100.20	定义DHCP客户端指定的IP地址

2. DHCP租约数据库文件

租约数据库文件用于保存一系列的租约声明，其中包含客户端的主机名、MAC地址、分配到的IP地址，以及IP地址的有效期等相关信息。这个数据库文件是可编辑的ASCII格式文本文件，每当发生租约变化的时候，都会在文件末尾添加新的租约记录。

DHCP服务器刚安装好时租约数据库文件dhepd.leases是个空文件。当DHCP服务器正常运行后就可以使用cat命令查看租约数据库文件的内容了。

```
命令：cat /var/lib/dhcpd/dhcpd.leases
```

3. DHCP主配置文件

dhcpd.conf主配置文件包括全局配置和局部配置。全局配置可以包含参数，该部分对整个DHCP服务器生效。局部配置通常由声明部分来表示，该部分仅对局部生效，例如只对某个IP地址作用域生效。

dhcpd.conf文件格式：

```
#全局配置
参数或选项;                        #全局生效
#局部配置
声明 {
       参数或选项;                 #局部生效
     }
```

DHCP样例配置文件内容包含了部分参数、声明以及选项的用法，其中注释部分可以放在任何位置，并以“#”开头，当一行内容结束时，以“;”结束，大括号所在行除外。

做一做

1）请同学们查阅本学习任务的知识及相关资料，讨论与思考，DHCP工作过程包括几种报文？分别是什么？

____

____

2）请同学们自行查阅DHCP服务常用参数及作用的知识资料，完成下列题目。

①定义客户端的广播地址：______________________________

②定义客户端的网关地址：______________________________

③定义客户端的子网掩码：______________________________

④定义DNS服务器地址：______________________________

⑤定义DNS域名：______________________________

小贴士

当需要配置数量较多的计算机 IP 地址时，DHCP 服务器可以实现自动分配 IP 地址给计算机，这种方法既快捷也更规范。因此，同学们在现实生活中遇到困难和疑惑时，应该沉着冷静，找准了方法再去做，利用有效的时机，才能让事情更容易成功、达到事半功倍的效果，不然盲目的蛮干可能收效甚微。

活动 DHCP服务器配置

活动准备

1）启动虚拟机CentOS 7系统，设置主机名为server1。

2）登录系统，设置管理员账户为root，密码是123456。

3）启动一台Windows 10系统的客户测试机，设置主机名为ch1；一台CentOS 7系统的客户测试机，设置主机名为sc1，自动获取IP地址。

4）启动另一台CentOS 7系统的客户测试机，设置主机名为yfmanage，自动获取保留IP地址。

活动要求

邕盛科技公司现需安装一台DHCP服务器给各员工办公计算机配置动态IP地址、默认网关等网络信息，各计算机的IP地址要求如下：

1）其中DHCP服务器和DNS服务器（server1）的IP地址为192.168.100.1/24。

2）有效IP地址段为192.168.100.1～192.168.100.254，子网掩码为255.255.255.0。

3）192.168.100.1～192.168.100.10网段地址是研发部计算机的固定地址。

4）192.168.100.11～192.168.100.250网段地址是策划部、运营部、编辑部、市场部的计算机可选用IP地址。

5）192.168.100.100作为研发部经理的计算机保留地址。

实训环境配置参数需求见表7-5。

表7-5　实训环境配置参数需求

主机名称	操作系统	IP地址	MAC地址（根据实际）
DHCP服务器：server1	CentOS 7	192.168.100.1/24	00:0c:29:9e:f2:51
Windows客户端：ch1	Windows 10	自动获取	00-0c-29-78-a9-04
Linux客户端：sc1	CentOS 7	自动获取	00:0c:29:f2:98:a5
Linux客户端：yfmanage	CentOS 7	自动获取“保留地址” 192.168.100.100	00:0c:29:5b:22:94
虚拟网卡VMnet8，IP地址为192.168.100.8/24			

活动讨论

请同学们思考，配置具有固定IP保留地址的DHCP服务器，需要注意哪些问题？

____

____

活动要点

1）DHCP服务器分配给客户端的IP地址类型。在客户端向DHCP服务器申请IP地址时，服务器并不会总给它一个动态的IP地址，而会根据实际情况决定。IP地址类型见表7-6。

表7-6　IP地址类型

IP地址类型	定　义
动态IP地址	客户端从DHCP服务器那里取得的IP地址不是固定的，而是每次都可能不一样。在IP地址有限的容量范围内，动态IP地址可以使资源的有效利用率最大化。它利用各用户不会同时上线的原理，优先为上线的用户提供IP地址，离线之后再收回
静态IP地址	客户端从DHCP服务器那里取得的IP地址并不总是动态的。例如，有的单位除了员工使用的计算机外，还有不少的服务器，如果这些服务器也使用动态IP地址，不但不利于管理，客户端访问起来也不方便；这时就可以设置DHCP服务器记录特定计算机的MAC地址，然后为每个MAC地址分配一个固定的IP地址

2）在客户端进行测试。在虚拟机中测试DHCP服务器功能，如果与预期效果相违背，需要关闭VMnet8和VMnet1的DHCP功能，具体操作如下。

在VMWare主窗口中依次选择“编辑”——“虚拟网络编辑器”命令，打开“虚拟网络编辑器”对话框，选中VMnet8或VMnet1，去掉对应的DHCP服务启用选项，如图7-2所示。

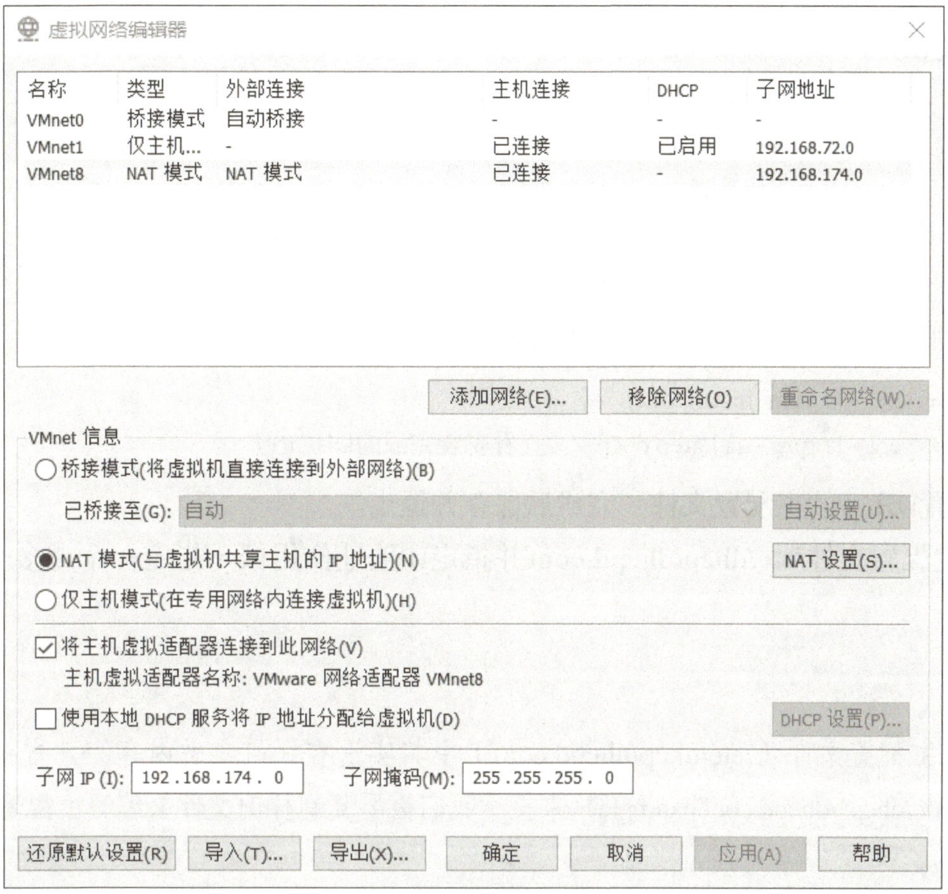

图 7-2

活动过程

1）手动配置好server1网络参数：IP地址、子网掩码、网关、DNS地址。

```
[root@server1~]#vi /etc/sysconfig/network-scripts/ifcfg-ens33
BOOTPROTO=dhcp            //改为 static
ONBOOT=no                 //改为 yes
IPADDR=192.168.100.1      //IP地址
NETMASK=255.255.255.0     //子网掩码
GATEWAY=192.168.100.254   //网关
DNS1=192.168.100.1        //DNS地址
: wq                      //保存退出
[root@server1~]#systemctl restart network   //重启网卡
[root@server1~]# ip a                        //查看网卡信息
[root@server1~]#ping 192.168.100.1
```

2）在server1挂载本地yum源。

```
[root@server1~]# cd /etc/yum.repos.d
[root@server1~]# mv CentOS-Base.repo  CentOS-Base.repo.backup
[root@server1 yum.repos.d]# vi CentOS-Media.repo       //编辑该文件（注意区分大小写）
baseurl=file:///media/ CentOS/  改为：//mnt
gpgcheck=1            //改为0
enabled=0             //改为1
：wq                  //保存退出
                      //连接光盘
[root@server1 yum.repos.d]# mount /dev/sr0  /mnt          //挂载镜像
mount: /dev/sr0 is write-protected,mounting read-only    //将以只读方式挂载
```

3）在服务器server1上安装DHCP服务器。

```
[root@server1 ~]# yum  install  dhcp  -y
[root@server1 ~]# rpm -qa | grep dhcp     //查看安装完成的DHCP包
```

4）配置DHCP的主配置文件，完成后保存并退出。

编辑主配置文件/etc/dhcp/dhcpd.conf并指定IP地址作用域（指定一个或多个IP地址范围）。

注意

默认主配置文件（/etc/dhcp/dhcpd.conf）中其实没有任何实质内容，只有一句“see /usr/share/doc/dhcp*/dhcpd.conf.example”来提示我们需要复制样例文件来编写主配置文件。

```
[root@server1 ~]# cd /etc/dhcp
[root@server1 dhcp]#cp -p /usr/share/doc/dhcp-4.2.5/dhcpd.conf.example  /etc/dhcp/dhcpd.conf
[root@server1 dhcp]# vi /etc/dhcp/dhcpd.conf
//:set nu设置行号，方便查找到要修改的语句
//修改47行及后面的语句
subnet 192.168.100.0 netmask 255.255.255.0 {              //定义作用域，指定子网
   range 192.168.100.11 192.168.100.99;                   //定义用于分配的IP地址池
   range 192.168.100.101 192.168.100.250;                 //定义用于分配的IP地址池
   option domain-name-servers 192.168.100.1;              //定义DNS服务器地址
   option domain-name  “internal.example.org”；           //定义DNS域名
   option routers 192.168.100.254;                        //定义客户端的网关地址
   option broadcast-address 192.168.100.255;              //定义客户端的广播地址
   default-lease-time 600;                                //默认超时时间，单位是秒
   max-lease-time 7200;                                   // 最大超时时间，单位是秒
}
//修改75行及后面的语句
host   yfmanage{
```

```
        hardware ethernet 00:0c:29:5b:22:94;
        fixed-address 192.168.100.100;                  //指定IP地址给市场部经理的计算机
    }
```

注意

手工配置IP地址时，一定要与保留地址不一致，或者采用地址池之外的可用IP地址，否则会造成IP地址冲突。

5）重启dhcpd服务并关闭防火墙。

```
[root@server1 ~]#systemctl restart dhcpd
[root@server1 ~]#systemctl stop firewalld   //关闭防火墙
[root@server1 ~]#setenforce 0               //临时关闭selinux
```

注意

DHCP启动失败可能有如下原因（使用“dhcpd”命令进行排错）。

1）配置文件有问题。

2）内容不符合语法结构，例如少个分号。

3）声明的子网和子网掩码不符合。

4）主机IP地址和声明的子网不在同一网段。

5）主机没有配置IP地址。

6）配置文件路径有问题，保存在/etc/dhcp/dhcpd.conf。

6）在Windows 10客户端ch1上进行测试。

①在Windows客户端的“网络”——“以太网”——“属性”——“Internet协议版本4（TCP/IPv4）属性”中设置自动获取就可以了。

②在Windows命令提示符下，利用ipconfig查看IP地址信息，ch1策划部计算机已经自动获取到IP地址192.168.100.11/24，如图7-3所示。

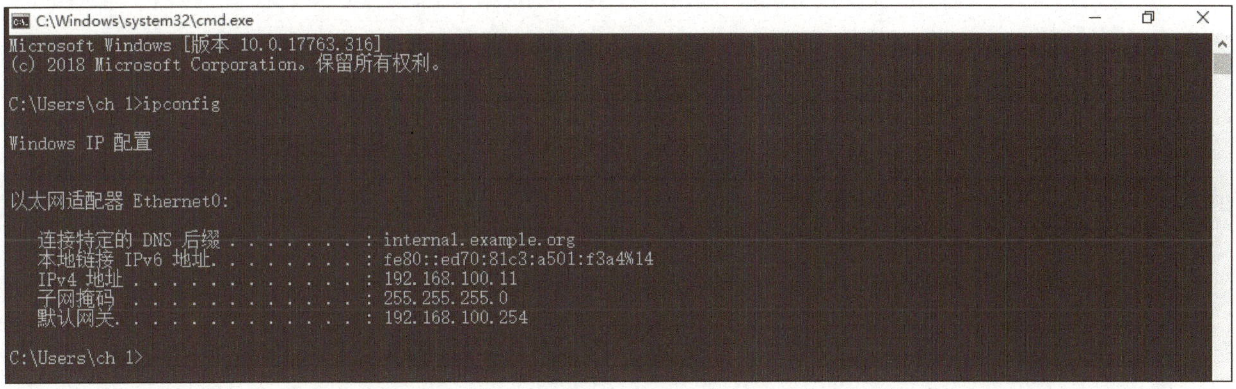

图 7-3

注意

可以在命令提示符窗口输入释放IP地址，或重新获取IP地址的命令。

释放IP地址：ipconfig /release。

重新申请IP地址：ipconfig /renew。

7）在Linux客户端sc1上进行测试。

```
[root@sc1 ~]#ip a                                          //查看网卡的信息
[root@sc1 ~]#vi /etc/sysconfig/network-scripts/ifcfg-ens33  //修改网卡信息
BOOTPROTO=dhcp                                             //检查IP配置的方式是否是DHCP
ONBOOT=no                                                  //改为 yes
[root@sc1 ~]#systemctl restart network                     //重启网络
[root@sc1 ~]#ip a                                          // 查看网卡的信息
```

sc1计算机已经自动获取到了IP地址192.168.100.12/24，如图7-4所示。

```
CentOS Linux 7 (Core)
Kernel 3.10.0-693.el7.x86_64 on an x86_64

sc1 login: root
Password:
Last login: Sun May 14 06:33:14 on tty1
[root@sc1 ~]# ip a
1: lo: <LOOPBACK,UP,LOWER_UP> mtu 65536 qdisc noqueue state UNKNOWN qlen 1
    link/loopback 00:00:00:00:00:00 brd 00:00:00:00:00:00
    inet 127.0.0.1/8 scope host lo
       valid_lft forever preferred_lft forever
    inet6 ::1/128 scope host
       valid_lft forever preferred_lft forever
2: ens33: <BROADCAST,MULTICAST,UP,LOWER_UP> mtu 1500 qdisc pfifo_fast state UP qlen 1000
    link/ether 00:0c:29:9b:c2:c2 brd ff:ff:ff:ff:ff:ff
    inet 192.168.100.12/24 brd 192.168.100.255 scope global dynamic ens33
       valid_lft 413sec preferred_lft 413sec
    inet6 fe80::a574:4428:c868:e3f2/64 scope link
       valid_lft forever preferred_lft forever
[root@sc1 ~]#
```

图 7-4

8）在Linux客户端yfmanage上进行测试，获取保留IP地址。

```
[root@yfmanage ~]# ip a                                          // 查看网卡的信息
[root@yfmanage ~]#vi /etc/sysconfig/network-scripts/ifcfg-ens33  //修改网卡信息
BOOTPROTO=dhcp                                                   //检查IP配置的方式是否是DHCP
ONBOOT=no                                                        //改为 yes
[root@yfmanage ~]#systemctl restart network                      //重启网络
[root@yfmanage ~]#ip a                                           //查看网卡的信息
```

研发部经理的计算机已经自动获取到了指定的保留IP地址192.168.100.100/24，如图7-5所示。

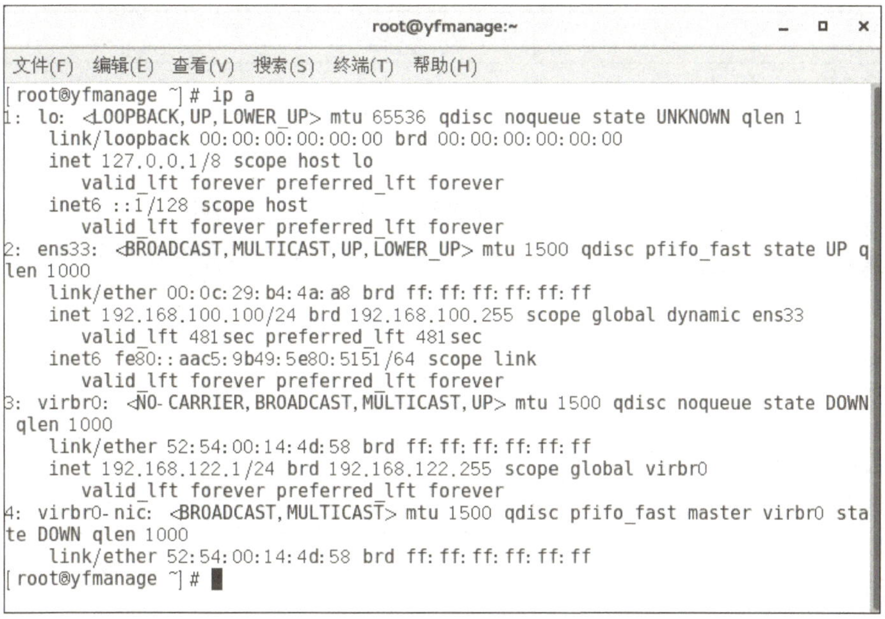

```
root@yfmanage:~
文件(F) 编辑(E) 查看(V) 搜索(S) 终端(T) 帮助(H)
[root@yfmanage ~]# ip a
1: lo: <LOOPBACK,UP,LOWER_UP> mtu 65536 qdisc noqueue state UNKNOWN qlen 1
    link/loopback 00:00:00:00:00:00 brd 00:00:00:00:00:00
    inet 127.0.0.1/8 scope host lo
       valid_lft forever preferred_lft forever
    inet6 ::1/128 scope host
       valid_lft forever preferred_lft forever
2: ens33: <BROADCAST,MULTICAST,UP,LOWER_UP> mtu 1500 qdisc pfifo_fast state UP q
len 1000
    link/ether 00:0c:29:b4:4a:a8 brd ff:ff:ff:ff:ff:ff
    inet 192.168.100.100/24 brd 192.168.100.255 scope global dynamic ens33
       valid_lft 481sec preferred_lft 481sec
    inet6 fe80::aac5:9b49:5e80:5151/64 scope link
       valid_lft forever preferred_lft forever
3: virbr0: <NO-CARRIER,BROADCAST,MULTICAST,UP> mtu 1500 qdisc noqueue state DOWN
 qlen 1000
    link/ether 52:54:00:14:4d:58 brd ff:ff:ff:ff:ff:ff
    inet 192.168.122.1/24 brd 192.168.122.255 scope global virbr0
       valid_lft forever preferred_lft forever
4: virbr0-nic: <BROADCAST,MULTICAST> mtu 1500 qdisc pfifo_fast master virbr0 sta
te DOWN qlen 1000
    link/ether 52:54:00:14:4d:58 brd ff:ff:ff:ff:ff:ff
[root@yfmanage ~]#
```

图 7-5

技能巩固

请同学们根据前面学习到的知识和技能，完成以下操作。

某公司技术部有60台计算机，各计算机的IP地址要求如下。

1）DHCP服务器和DNS服务器的地址都是192.168.100.1/24，有效IP地址段为192.168.100.1～192.168.100.254、子网掩码为255.255.255.0、网关为192.168.100.254。

2）192.168.100.1～192.168.100.30网段地址是服务器的固定地址。

3）客户端可以使用的地址段为192.168.100.31～192.168.100.200，但192.168.100.60和192.168.100.100为保留地址，其中192.168.100.60保留给Client3。

4）Linux客户端和Windows客户端均采用自动获取方式配置IP等地址信息，实训环境见表7-7。

表7-7　实训环境

主 机 名 称	操 作 系 统	IP地址	MAC地址根据实际
DHCP服务器server1	CentOS 7	192.168.100.1/24	00:0c:29:9e:f2:51
Windows客户端Client1	Windows 10	自动获取	00–0c–29–78–a9–04
Linux客户端Client2	CentOS 7	自动获取	00:0c:29:f2:98:a5
Linux客户端Client3	CentOS 7	自动获取“保留地址”	00:0c:29:5b:22:94

考核评价

班　级		姓　名	
一、知识目标掌握情况（30分）			
评 价 内 容	自　评	互　评	师　评
1. 了解DHCP服务器的概念 2. 了解DHCP服务器的功能 3. 掌握DHCP服务器的工作原理 4. 掌握安装配置DHCP服务器的方法	□理解 10分 □基本理解 6分 □不理解 3分	□理解 10分 □基本理解 6分 □不理解 3分	□理解 10分 □基本理解 6分 □不理解 3分
二、能力目标掌握情况（60分）			
评 价 内 容	自　评	互　评	师　评
1. 能够正确安装并启动DHCP服务器 2. 能够正确设置DHCP主配置文件 3. 能够正确划分IP地址 4. 能够正确在客户端测试IP地址分配情况	□完成 20分 □基本完成 15分 □未完成 5分	□完成 20分 □基本完成 15分 □未完成 5分	□完成 20分 □基本完成 15分 □未完成 5分
三、学生专业素质（10分）			
评 价 内 容	自　评	互　评	师　评
学习态度：认真听课、积极回答问题 基本素养：纪律好、正确使用手机、不迟到、不早退	□优秀 3分 □良好 2分 □合格 1分	□优秀 3分 □良好 2分 □合格 1分	□优秀 4分 □良好 3分 □合格 1分
总分		知识得分	能力得分	素质得分

任务8
配置与管理DNS服务器

任务情境

崑盛科技公司组建了一个中小型网络，你作为公司的网络管理员，现需要配置和管理一个内部域名系统（DNS）服务器，以便在公司内部网络中管理和解析域名。当在内部网络中添加新的服务器或修改设备时，需要添加或修改相应的DNS记录，以便其他设备可以正确地解析使用该服务器或设备的域名；并且DNS服务器需要定期备份，以便在DNS出现问题时能够及时恢复数据并提供服务。

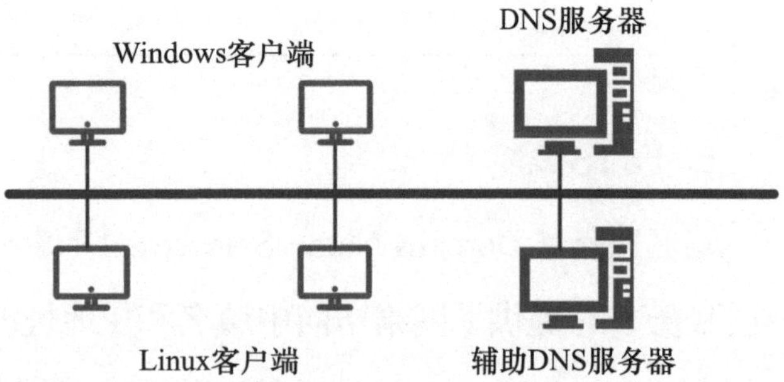

DNS服务器网络拓扑图

学习目标

知识目标

- 掌握DNS服务器的作用
- 理解域名空间结构
- 掌握DNS查询模式
- 理解DNS域名解析过程

能力目标

- 能够正确书写域名空间结构
- 能够正确分析DNS域名解析过程
- 能够正确安装启动DNS服务器
- 能够正确设置name.conf全局配置文件
- 能够正确设置named.zones主配置文件
- 能够正确设置bind的区域配置文件
- 能够正确配置DNS客户端并测试

素质目标

- 培养学生精益求精的工匠精神，使学生形成扎实的专业能力并提升专业素质能力
- 培养学生自主探究以及团队协作的能力，并使学生形成职业实战的能力

知识储备

一、认识域名空间

想一想

请同学们查阅本学习任务的知识及相关资料，讨论与思考，网址https://www.tsinghua.edu.cn/可以分成几个部分呢？

____

____

1. DNS概述

域名服务（Domain Name Service，DNS）是Internet/Intranet中最基础也是非常重要的一项服务，它提供了网络访问中域名和IP地址的相互转换服务，也就是域名解析服务。

在TCP/IP网络中，IP地址是定位主机的唯一标识，用户必须知道对方主机的IP地址才能通信，但识记IP地址对用户来说较为困难，域名服务系统允许用户使用友好的名字替代难以记忆的数字——IP地址来访问Internet上的主机，以方便用户操作。

完全限定域名（Fully Qualified Domain Name），缩写为FQDN，一般指完整域名。

2. 域名空间结构

整个DNS域名空间呈树状结构分布，被称为“域树”。每台计算机的域名由一系列用点分开的字母数字段组成，如图8-1所示。

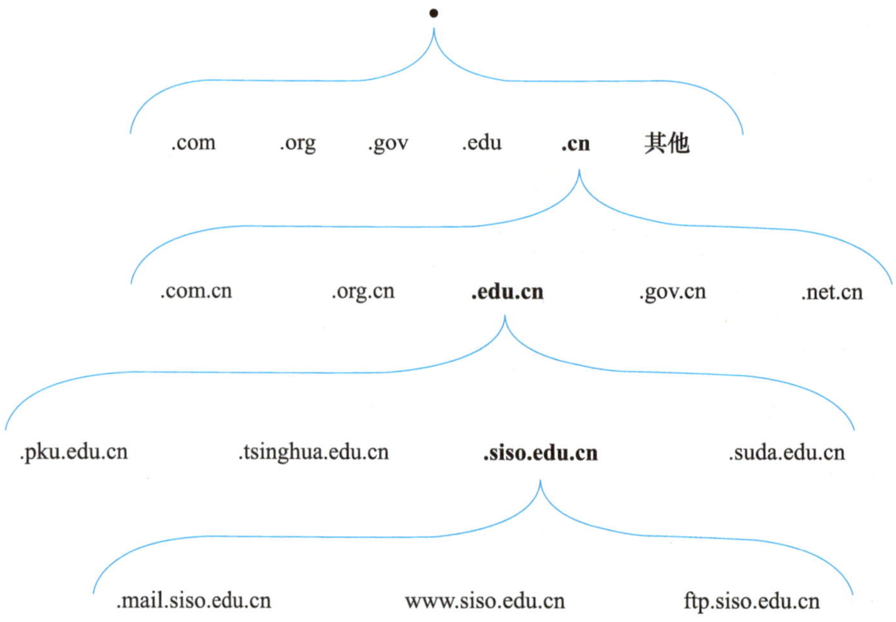

图 8-1

选一选

请同学们查阅本学习任务的知识及相关资料，讨论与思考，www.163.com是Internet中主机的（　　）。

A. 用户名　　B. 密码　　C. IP地址　　D. FQDN

二、DNS服务器分类

想一想

请同学们查阅本学习任务的知识及相关资料，讨论与思考，DNS服务器的类型有哪几种？

____

____

按照配置和功能的不同，DNS服务器可分为不同的类型。常见的DNS服务器类型有3种。

1）主DNS服务器（Master或Primary）。主DNS服务器维护所管辖域的域名服务信息。它从域管理员构造的本地磁盘文件中加载域信息，该文件包含着该服务器具有管理员的一部分域结构的最精确信息。配置主域服务器需要一整套的配置文件，包括主配置文件、正向区域文件、反向区域文件、高速缓存初始化文件和回送文件。

2）辅助DNS服务器（Slave或Secondary）。辅助DNS服务器只用于分担主DNS服务器的查询负载，不进行域名解析。

3）唯高速缓存DNS服务器（Caching-only DNS Server）。供本地网络上的客户机进行域名转换。它通过查询其他DNS服务器并将获得的信息存放在高速缓存中，为客户机提供查询信息服务。它也可以用于暂时存放解析过的域名。

填一填

请同学们查阅本学习任务的知识及相关资料，讨论与思考，从工作形式上DNS服务器分为主服务器、__________和辅助DNS服务器。

三、域名解析过程

想一想

请同学们查阅本学习任务的知识及相关资料，讨论与思考，浏览器是如何根据人们输入的网址得到网站服务器的IP地址的呢？

____

____

1. DNS域名解析工作原理

DNS域名能通过hosts文件和DNS服务器解析。DNS服务器采用客户机/服务器（C/S）模式进行解析，解析的工作过程如图8–2所示。

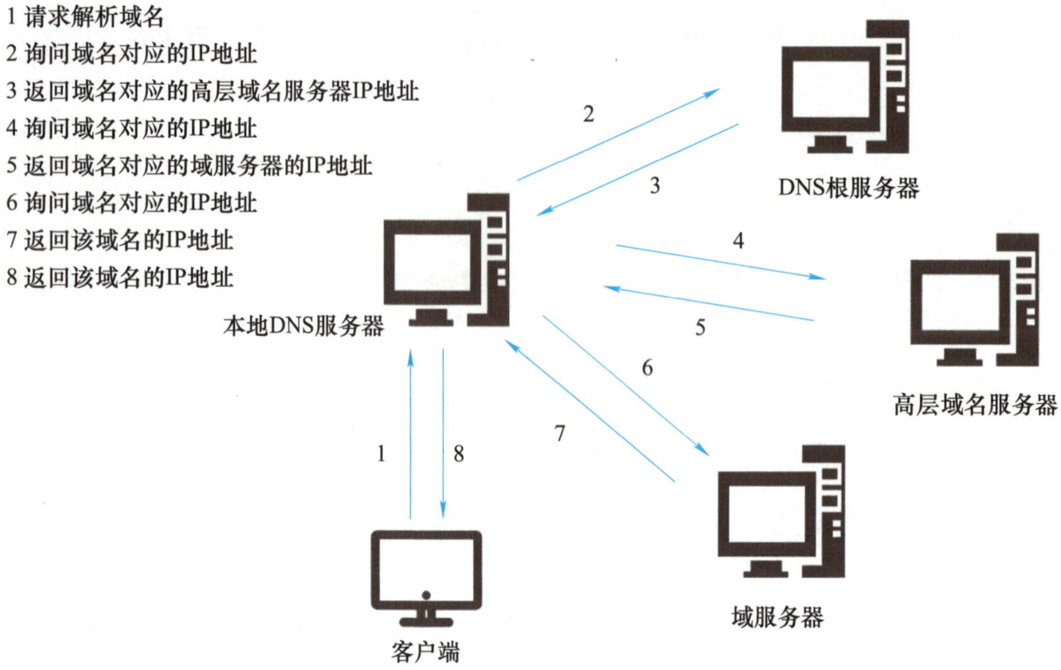

图 8-2

1）客户端向本地DNS服务器202.103.224.68直接查询aaa.example.com的域名。

2）本地DNS服务器无法解析此域名，它先向根域DNS服务器发出请求，查询.com的DNS地址。

3）根域DNS服务器管理.com、.net、.org等顶级域名的地址解析，它收到请求后，把解析结果返回给本地的DNS服务器。

4）本地DNS服务器202.103.224.68得到查询结果后，接着向管理.com域的DNS服务器发出进一步的查询请求，要求得到example.com的DNS地址。

5）管理.com域的DNS服务器把解析结果返回给本地DNS服务器202.103.224.68。

6）本地DNS服务器202.103.224.68得到查询结果后，接着向管理example.com域的DNS服务器发出查询具体主机IP地址的请求（www），请求得到满足要求的主机IP地址。

7）example.com把解析结果返回给本地DNS服务器202.103.224.68。

8）本地DNS服务器得到了最终的查询结果，它把这个结果返回给客户端，从而使客户端能够和远程主机通信。

2. 正向解析和反向解析

在Internet上域名和IP地址是对应的，DNS解析有两种：一种是正向解析，另外一种是反向解析。DNS正向解析是将域名转换成对应的IP地址的过程，它应用于在浏览器地址栏中输入网站域名时的情形。DNS反向解析是根据IP地址查找对应的注册域名的过程，反向解析的作用是进行服务器的身份验证。

3. 资源记录

为了将域名解析为IP地址，DNS服务器要查询它们的区（又称DNS数据库文件或简单数据库文件），区中包含组成相关DNS域资源信息的资源记录（Resource Record，RR）。常见的资源记录类型见表8-1。

表8-1　常见的资源记录类型

资源记录类型	说　明
SOA	（Start Of Authority）起始授权机构记录。每个区在区的开始处都包含了一个SOA，SOA定义了域的全局参数，并对整个域进行管理设置。一个区文件只允许存在唯一的SOA记录
NS资源记录	NS（Name Server）资源记录是域名服务器记录，用来指定该域名由哪个DNS服务器进行解析
A资源记录	A（Address）资源记录用来指定主机名（或域名）对应的IP地址记录。
PTR	指针记录（Pointer Record，PTR）资源记录。PTR记录是A记录的逆向记录，作用是把IP地址解析为域名
CNAME资源记录	别名记录（Canonical Name，CNAME）资源记录。用户可以使用CNAME资源记录来隐藏用户网络的实现细节，使连接的客户端无法察觉
MX资源记录	MX（Mail Exchanger）资源记录是邮件交换记录，它指向一个邮件服务器，用于电子邮件系统发邮件时，根据收信人的地址后缀来定位邮件服务器

选一选

请同学们查阅本学习任务的知识及相关资料，讨论与思考。

1）在Linux环境下，能实现域名解析功能的软件模块是（　　）。

A. Apache　　B. DHEPD　　C. bind　　D. SQUID

2）在DNS服务器配置文件中A类资源记录的意思是（　　）。

A. 官方信息　　B. IP地址到名字的映射

C. 名字到IP地址的映射　　D. 一个name server的规范

小贴士

2022年12月14日，“政务安全DNS服务与应用研讨会”在线上召开，专家提出我国域名系统存在较大安全风险，应该重视和加强DNS服务安全工作，主要应发挥两个方面的作用。一是“关口”作用，要加强对域名系统的安全防护以及解析数据的安全管理，强化自身安全，防范敏感数据泄露、防止域名被非法劫持和篡改。二是“利剑”作用，要加强对域名解析流量的实时监测和分析，并与威胁情报相结合，实现对新型网络攻击和恶意域名的精准识别和快速预警，更进一步可以联动处置措施，实现威胁自动阻断。政务领域专用的安全域名服务平台，可为各级政府部门提供安全可靠的域名解析、监测预警和响应处置服务。

活动1 主DNS服务器配置

活动准备

1）启动两台虚拟机CentOS 7系统和一台虚拟机Windows系统。

2）登录CentOS 7系统，管理员为root，密码是123456。

3）设置主机名依次为server1、client1和client2。

活动要求

邕盛科技公司在研发部搭建了一个主DNS服务器，负责example.com域的域名解析工作。DNS服务器的FQDN为aaa.example.com，IP地址为192.168.100.1。要求为表8-2中的域名提供正反向域名解析服务。

表8-2　域名及其IP地址

域　　名	IP地址
aaa.example.com	192.168.100.1
ttt.example.com	192.168.100.1
mmm.example.com MX 5	192.168.100.1

本活动需要搭建的实验环境参数见表8-3，server1为研发部。

表8-3　实验环境参数

主 机 名 称	操 作 系 统	IP地址	角　　色
server1	CentOS 7	192.168.100.1/24	主DNS服务器、NAT模式
client1	CentOS 7	192.168.100.20/24	Linux客户端、NAT模式
client2	Windows 10	192.168.100.40/24	Windows客户端、NAT模式
虚拟网卡VMnet8，IP地址192.168.100.8/24			

活动讨论

请同学们根据活动要求，分析配置主DNS服务器需要配置哪些参数？

____

活动要点

1. 全局配置文件

DNS全局配置文件是/etc/named.conf。全局配置文件options配置段的部分重要参数见表8-4。

表8-4 options配置段的部分重要参数

参数	功能
listen-on port	指定named守护进程监听的端口和IP地址，默认的监听端口是53。如果DNS服务器中有多个IP地址要监听，则可以在大括号中分别列出，以分号分隔
allow-query {}	指定允许哪些主机发起域名解析请求，默认只对本机开放服务
directory	指定DNS守护进程的工作目录，默认的目录是/var/named。正向和反向解析区域文件都要保存在这个目录中

2. 主配置文件

本任务中使用的主配置文件是/etc/named.zones，zone区域声明格式如下所示：

```
    zone "区域名称" IN{
    type DNS 服务器类型;
    File "区域文件名";
    allow-update {none;};
    masters{主域名服务器地址;}
};
```

3. 区域文件

区域文件是DNS服务器提供域名解析服务的关键，它记录了域名和IP地址的对应关系。一个典型的区域文件如下所示：

```
[root@server1~]# cd /var/named
[root@server1 named]#cat named.localhost
$TTL 1D
@        IN SOA     @ rname.invalid. (
                                        0       ; serial
                                        1D      ; refresh
                                        1H      ; retry
                                        1W      ; expire
                                        3H )    ; minimum
         NS         @
         A          127.0.0.1
         AAAA       ::1
```

活动过程

1）手动配置server1网络参数：IP地址、子网掩码、网关、DNS地址。

```
[root@server1~]#vi  /etc/sysconfig/network-scripts/ifcfg-ens33
BOOTPROTO=dhcp              //改为 static
ONBOOT=no                   //改为 yes
IPADDR=192.168.100.1        //IP地址
NETMASK=255.255.255.0       //子网掩码
GATEWAY=192.168.100.254     //网关
```

```
DNS1=192.168.100.1              //DNS地址
: wq  #保存退出
[root@server1~]#systemctl restart network  //重启网卡
[root@server1~]# ip a  #查看网卡信息
[root@server1~]#ping 192.168.100.1
```

2）在server1挂载本地yum源。

```
[root@server1~]# cd /etc/yum.repos.d
[root@server1~]# mv CentOS-Base.repo CentOS-Base.repo.backup
[root@server1 yum.repos.d]# vi CentOS-Media.repo    //编辑该文件（注意区分大小写）
baseurl=file:///media/ CentOS/  改为：///mnt
gpgcheck=1        //改为0
enabled=0         //改为1
: wq  //保存退出
[root@server1 yum.repos.d]# mount /dev/sr0 /mnt       //挂载镜像
mount: /dev/sr0 is write-protected,mounting read-only  //将以只读方式挂载
```

3）安装DNS服务器。

```
[root@server1~]#yum install bind bind-utils             //安装bind服务
```

4）编辑全局配置文件/etc/named.conf。

```
[root@server1~]#vi /etc/named.conf
    listen-on port 53 { any; };
    listen-on-v6 port 53 { ::1; };
     directory          "/var/named";
     dump-file          "/var/named/data/cache_dump.db";
     statistics-file    "/var/named/data/named_stats.txt"
     memstatistics-file "/var/named/data/named_mem_stats.txt";
     allow-query        { any; };
     recursion yes;
    dnssec-enable yes;
    dnssec-validation no;
    dnssec-lookaside auto;
      //………………<省略>…………
include /etc/named.rfc1912.zones;
include "/etc/named.root.key";
```

5）配置主配置文件named.rfc1912.zones。

提醒：复制命令yy，例如需要复制5行命令，可以将光标定位于需要复制命令的首字母，并按键盘5yy，再将光标定位到需要粘贴的位置按<P>键，即可完成命令的复制与粘贴。

```
[root@server1 ~]#vi /etc/named.rfc1912.zones
zone "example.com" IN {
            type master;
```

```
        file "example.com.zone";
        allow-update { none; };
};

zone "100.168.192.in-addr.arpa" IN {
        type master;
        file "192.168.100.zone";
        allow-update { none; };
};
```

6）修改bind的区域配置文件。

```
[root@server1~]# cd /var/named
[root@server1 named]#ll
[root@server1 named]#cp -p named.localhost  example.com.zone
[root@server1 named]#cp -p named.loopback  192.168.100.zone
[root@server1 named]# vi  example.com.zone
$TTL 1D
@         IN SOA     @ rname.invalid. (
                                        0         ; serial
                                        1D        ; refresh
                                        1H        ; retry
                                        1W        ; expire
                                        3H )      ; minimum
          NS         @
          A          127.0.0.1
          AAAA       ::1
aaa       A          192.168.100.1
ttt       A          192.168.100.1
mmm       A          192.168.100.1
mmm       MX 5       mmm.example.com.
[root@server1 named]# vi  192.168.100.zone
$TTL 1D
@         IN SOA     @ rname.invalid. (
                                        0         ; serial
                                        1D        ; refresh
                                        1H        ; retry
                                        1W        ; expire
                                        3H )      minimum
          NS         @
          A          127.0.0.1
          AAAA       ::1
          PTR        localhost.
1         PTR        aaa.example.com.
1         PTR        ttt.example.com.
1         PTR        mmm.example.com.
```

7）重启服务，关闭防火墙。

```
[root@server1 named]#systemctl restart named //重启named服务
[root@server1 named]#systemctl stop firewalld //关闭防火墙
[root@server1 named]#setenforce 0 //临时关闭selinux
[root@server1 named]#nslookup
```

查询IP地址与域名的对应关系，如图8-3所示。

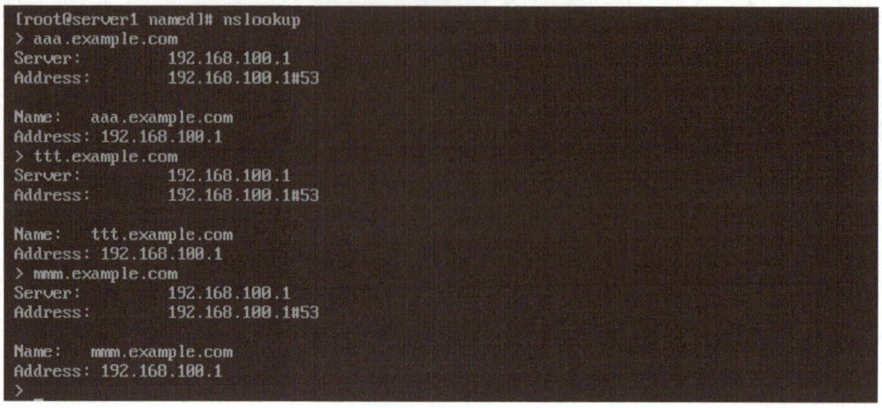

图 8-3

8）配置DNS客户端。假设本地首选DNS服务器的IP地址为192.168.100.1，备用DNS服务器的IP地址为192.168.100.2，则DNS客户端的设置如下。

① 在Windows客户端关闭防火墙。

② 在Windows客户端打开“Internet Protocol Version 4（TCP/IPv4）属性”对话框，在对话框中输入IP地址、子网掩码、默认网关，以及首选和备用DNS服务器的IP地址即可，如图8-4所示。

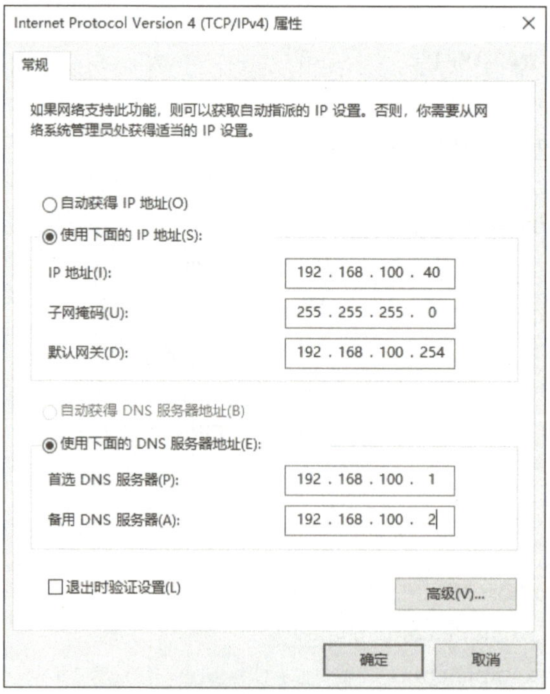

图 8-4

③ 在Windows客户端，打开命令提示符窗口，ping通server1服务器，然后使用nslookup，如图8-5所示。

图 8-5

④ 配置Linux客户端。

```
[root@server1 ~]# vi  /etc/resolv.conf    //在server1服务器上配置
  nameserver 192.168.100.1
  nameserver 192.168.100.2
  search  example.com
```

必须保证client1与server1服务器的通信畅通。配置client1的IP地址为192.168.100.20/24，配置和挂载光盘并安装bind服务（略）。

```
[root@client1 ~]# vi /etc/resolv.conf
   nameserver 192.168.100.1
   nameserver 192.168.100.2
   search  example.com
[root@client1 ~]# nslookup
> mmm.example.com
server: 192.168.100.1
Address: 192.168.100.1#53
Name: mmm.example.com
Address: 192.168.100.1
> aaa.example.com
server: 192.168.100.1
Address: 192.168.100.1#53
```

```
Name: aaa.example.com
Address: 192.168.100.1
> ttt.example.com
server: 192.168.100.1
Address: 192.168.100.1#53
Name: ttt.example.com
Address: 192.168.100.1
>exit
```

技能巩固

请同学们根据前面学习到的知识和技能，完成下面的操作。

1）在server1服务器上安装配置DNS服务器，域名为www.test.com、指向IP地址为192.168.100.1。

2）在server1服务器上安装配置DNS服务器，实现正反向域名解析服务，见表8–5。

表8–5　正反向域名解析服务

域　　名	IP地址
dns.test.com	192.168.100.1
mail.test.com	192.168.100.2
slave.test.com	192.168.100.3
www.test.com	192.168.100.4
ftp.test.com	192.168.100.20
另外，为www.test.com设置别名为web.test.com	

活动2　配置DNS转发和辅助服务器

活动准备

1）启动三台虚拟机CentOS 7系统和一台虚拟机Windows系统。

2）登录CentOS 7系统，管理员账户为root，密码是123456。

3）设置主机名依次为server1、server2、client1和client2。

活动要求

邕盛科技公司在server2上对域example.com设置转发服务器192.168.100.1和192.168.100.100。为了提高客户端访问外部web站点的速度并减少网络流量，需要在策划部建立辅助服务器server2，并且要求可以使用nslookup、dig和host命令，或者使用查看启动信息和端口的方法排除DNS服务故障。本活动的操作是在研发部的服务器server1主DNS服务器配置完成的基础上操作的，见表8–6。

表8-6　域名及IP地址

域　名	IP地址
aaa.example.com	192.168.100.1
ttt.example.com	192.168.100.1
mmm.example.com MX记录	192.168.100.1

本活动需要搭建的环境配置参数，见表8-7。

表8-7　环境配置参数

主机名称	操作系统	IP地址	角　色
server1	CentOS 7	192.168.100.1/24	主服务器
server2	CentOS 7	192.168.100.2/24	辅助DNS、缓存DNS、转发DNS
client1	CentOS 7	192.168.100.20/24	Linux客户端
client2	Windows 10	192.168.100.40/24	Windows客户端
虚拟网卡VMnet8，IP地址192.168.100.8/24，所有主机网络连接均使用NAT模式			

活动讨论

请同学们根据活动要求，分析配置转发和辅助服务器主要需要配置哪些文件？

____

____

活动要点

1）需要根据实验要求手动配置研发部服务器的IP地址、子网掩码、网关以及DNS地址。

2）挂载本地yum源，安装DNS服务器。

3）配置转发服务器和缓存服务器，再进行DNS故障排除。

活动过程

1）手动配置server2服务器的网络参数：IP地址、子网掩码、网关、DNS地址，并且挂载本地yum源（此步骤略）。

2）安装DNS服务。

```
[root@server2~]#yum  install  bind  bind-utils -y   //安装bind服务
[root@server2~]#nslookup
> aaa.example.com
server: 192.168.100.1
Address: 192.168.100.1#53
Name: aaa.example.com
Address: 192.168.100.1
>exit
```

3）配置转发服务器server2，编辑全局配置文件/etc/named.conf。

```
[root@server2~]#vi  /etc/named.conf
```

在配置文件中找到相应的参数并进行修改。

```
options {
        directory     "/var/named";
        recursion  yes;                          //允许递归查询
        dnssec-validation no;                    //必须设置为no，默认是yes
            };
zone "." {
        type      hint;
        file       "name.ca";
}

zone "example.com" {
      type      forward;                         //指定该区域为条件转发类型
      forwarders { 192.168.100.1; 192.168.100.100; };    //设置转发服务器列表
};
```

4）重启named服务并关闭防火墙，selinux允许放行。

```
[root@server2  named]#systemctl  restart  named            //重启named服务
[root@server2  named]#systemctl  stop  firewalld           //关闭防火墙
[root@server2  named]#setenforce  0                        //临时关闭selinux
```

5）测试转发服务器是否成功。首先配置client1的IP地址为192.168.100.20/24，配置和挂载光盘并安装bind服务（略）。接着在server2上设置完成并配置防火墙后，在client1上进行测试，配置client的DNS服务器为192.168.100.2本身。最后，查看能否转发到192.168.100.1并进行DNS解析。

```
[root@client1 ~]#vi  /etc/syscofig/network-scripts/ifcfg-ens33
BOOTPROTO=dhcp  //改为  static
ONBOOT=no           //改为  yes
IPADDR=192.168.100.20          //IP地址
NETMASK255.255.255.0          //子网掩码
GATEWAY=192.168.100.254   //网关
DNS1=192.168.100.2   #DNS地址
[root@client1 ~]#systemctl  restart  network
[root@client1 ~]# vi  /etc/resolv.conf
    nameserver 192.168.100.1
    nameserver 192.168.100.2
    search  example.com
[root@client1 ~]# nslookup
> server
Default server: 192.168.100.1
Address: 192.168.100.1#53
Default server: 192.168.100.2
Address: 192.168.100.2#53
> aaa.example.com
```

```
Server:         192.168.100.1
Address:    192.168.100.1#53
Name:  aaa.example.com
Address: 192.168.100.1
> mmm.example.com
Server:        192.168.100.1
Address:  192.168.100.1#53
Name: mmm.example.com
Address: 192.168.100.1
>exit                                       //转发成功！配置及测试完成！
```

6）配置缓存服务器。缓存服务器不需要建立独立的区域，可以直接对named.conf文件进行设置，实现缓存的功能。

```
[root@server2~]#vi  /etc/named.conf
options {
            directory    "/var/named";
            datasize     100M;                  //添加该句，DNS服务器缓存设置为100MB
            recursion    yes;                   //允许递归查询
    };
zone "." {
        type  hint;
        file   "name.ca";      //根区域文件，保证存取正确的根服务器记录
}
```

7）DNS故障排除。使用nslookup、dig和host命令排除DNS服务器故障。

① 使用nslookup命令。

```
[root@client1 ~]#nslookup
>aaa.example.com
Server:       192.168.100.1
Address: 192.168.100.1#53
Name: aaa.example.com
Address: 192.168.100.1
```

② 使用dig命令。dig（domain information groper）是一个灵活的命令行方式的域名查询工具，常用于从域名服务器获取特定的信息。例如，通过dig命令查看域名aaa.example.com的信息。

```
[root@client1 ~]# dig aaa.example.com

; <<>> DiG 9.9.4-RedHat-9.9.4-50.el7 <<>> aaa.example.com
;; global options: +cmd
;; Got answer:
```

```
;; ->>HEADER<<- opcode: QUERY, status: NOERROR, id: 3655
;; flags: qr aa rd ra; QUERY: 1, ANSWER: 1, AUTHORITY: 1, ADDITIONAL: 3

;; OPT PSEUDOSECTION:
; EDNS: version: 0, flags:; udp: 4096
;; QUESTION SECTION:
;aaa.example.com.            IN  A

;; ANSWER SECTION:
aaa.example.com.        86400  IN  A  192.168.10.4
;; AUTHORITY SECTION:
long.com.         86400  IN  NS  dns.example.com.

;; ADDITIONAL SECTION:
aaa.example.com.        86400   IN  A  192.168.10.1

;; Query time: 2 msec
;; SERVER: 192.168.100.1#53(192.168.100.1)
;; WHEN: Mon Apr 04 14:42:50 EDT 2022
;; MSG SIZE  rcvd: 115
```

③ 使用host命令。

```
[root@client1 ~]# host aaa.example.com      //正向查询主机地址
dns.example.com has address 192.168.100.1
[root@client1 ~]# host 192.168.100.1      //反向查询IP地址对应的域名
1.100.168.192.in-addr.arpa domain name pointer aaa.example.com.
//查询不同类型的资源记录配置，-t参数后可以为SOA、MX、CNAME、A、PTR等
[root@client1 ~]# host  -t  NS  example.com
[root@client1 ~]# host  -l  example.com        //列出整个example.com域的信息
[root@client1 ~]# host -a  ttt.example.com   //列出与指定的主机资源记录相关的详细信息
```

8）查看启动信息。如果named服务无法正常启动，可以查看提示信息，根据提示信息更改配置文件。

```
[root@client1 ~]#systemctl  restart  named
```

9）查看端口。如果服务正常工作，则会开启TCP和UDP的53端口，可以使用netstat -an命令检测53端口是否正常工作。

```
[root@client1 ~]#netstat  -an|grep  :53
//若没有异常的信息提示，表示DNS服务器正常运行。
```

技能巩固

请同学们根据前面学习到的知识和技能，完成下面的操作。

要求：主DNS服务器的IP地址是192.168.100.1，辅助DNS服务器的IP地址是

192.168.100.2，区域是test.com。测试客户端Client的IP地址是192.168.100.20。

关键命令提示：vi /etc/named/conf

请添加以下语句：

```
zone "test.com" {
Type slave;
File "slaves/test.com.zone"
Masters{192.168.100.1;};
};
zone "100.168.192.in-addr.arpa" {
Type slave;
File "slaves/2.100.168.192.zone"
Masters{192.168.100.1;};
};
```

考核评价

班　级		姓　名		
一、知识目标掌握情况（30分）				
评 价 内 容		自　评	互　评	师　评
1. 掌握DNS服务器的概述功能作用 2. 理解域名空间结构 3. 掌握DNS查询模式 4. 理解DNS域名解析过程		□理解　10分 □基本理解　6分 □不理解　3分	□理解　10分 □基本理解　6分 □不理解　3分	□理解　10分 □基本理解　6分 □不理解　3分
二、能力目标掌握情况（60分）				
评 价 内 容		自　评	互　评	师　评
1. 能够正确书写域名空间结构 2. 能够正确分析DNS域名解析过程 3. 能够正确安装并启动DNS服务器 4. 能够正确设置name.conf全局配置文件 5. 能够正确设置named.zones主配置文件 6. 能够正确设置bind的区域配置文件 7. 能够正确配置DNS客户端并测试		□完成　20分 □基本完成　15分 □未完成　5分	□完成　20分 □基本完成　15分 □未完成　5分	□完成　20分 □基本完成　15分 □未完成　5分
三、学生专业素质（10分）				
评 价 内 容		自　评	互　评	师　评
学习态度：认真听课、积极回答问题 基本素养：纪律好、正确使用手机、不迟到、不早退		□优秀　3分 □良好　2分 □合格　1分	□优秀　3分 □良好　2分 □合格　1分	□优秀　4分 □良好　3分 □合格　1分
总分		知识得分	能力得分	素质得分

任务9
配置与管理Apache服务器

任务情境

崑盛科技公司组建了一个中小型网络，你是公司的Web管理员，现需要配置和管理Apache服务器以提供Web服务。根据要求安装Apache服务器，添加、修改、删除虚拟主机，配置并管理文件和目录，监视并优化性能以及保护Apache服务器等。

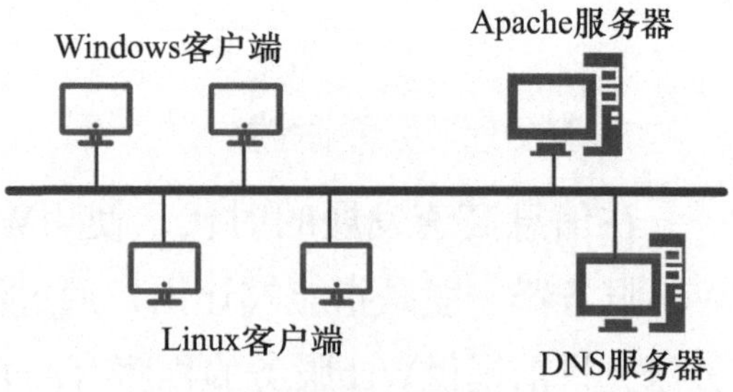

Apache服务器网络拓扑图

学习目标

知识目标

- 掌握Web服务的作用
- 理解Apache服务器的特性
- 掌握安装配置Apache服务器的方法
- 掌握设置常规Apache服务器的方法
- 理解文件控制存取的技巧
- 掌握用户身份认证的技巧
- 掌握不同类型的虚拟机的设置方法

能力目标

- 能够正确安装启动和停止Apache服务器
- 能够正确设置防火墙和SELinux
- 能够正确设置Apache服务器的配置文件
- 能够正确配置基于IP地址的虚拟主机
- 能够正确配置基于域名的虚拟主机
- 能够正确配置基于端口号的虚拟主机
- 能够正确设置虚拟目录，使用户必须输入账户和密码才能访问
- 能够正确设置Apache服务的常规选项

素质目标

- 培养学生勤思考、善动手、积极进取的良好品质
- 培养学生求真务实、开拓进取的品质，钻研、创新的精神

知识储备

一、Web服务概述

想一想

请同学们查阅本学习任务的知识及相关资料，讨论与思考，什么是Apache服务器？

____

____

1. Web服务器概述

在信息高速发展的时代，使用Web服务器是人们获取和传播信息的主要方式之一。Web服务器一般是指能够让用户通过浏览器访问到互联网上文档、图片和视频等资源的服务器。目前提供Web服务的程序有Apache、Nginx、IIS和Tomcat等。

2. Apache服务器概述

Apache HTTP Server（简称Apache）是Apache软件基金会的一个开放源码的网页服务器，是世界使用量排名第一的Web服务器软件，可以在大多数计算机操作系统中运行，由于其支持多平台和安全性高的特点被广泛使用，是流行的Web服务器端软件之一。

Apache Web服务器提供了全方位的功能，包括CGI、SSL和虚拟域；它还支持用于扩展的插件模块。尽管Apache最初是为UNIX环境设计的，但超过90%的安装都是在Linux系统上运行的。但是，它也适用于Windows等其他操作系统。

3. 客户访问Web服务器的过程

Web服务器是采用典型的客户机/服务器模型运行的。Web服务器运行于TCP之上，每个网站都对应一台（或多台）Web服务器，服务器中有各种资源，而客户端就是用户面前的浏览器。

Web服务的工作原理并不复杂，一般可分为连接过程、请求过程、应答过程和关闭过程4个步骤。Web服务的交互过程，如图9–1所示。

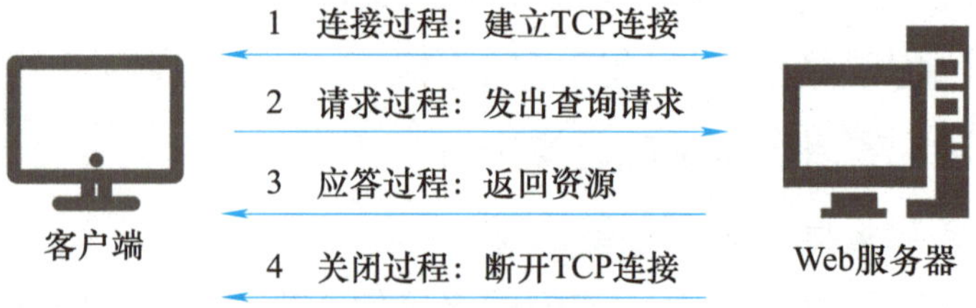

图 9-1

1）连接过程就是浏览器和Web服务器之间建立TCP连接的过程。

2）请求过程就是浏览器向Web服务器发出资源查询请求，在浏览器中输入的URL表示资源在Web服务器中的具体位置。

3）应答过程就是Web服务器根据URL把相应的资源返回给浏览器，浏览器则以网页的形式把资源展示给用户。

4）关闭过程就是在应答过程完成以后，浏览器和Web服务器之间断开连接的过程。浏览器和Web服务器之间的一次交互也被称为一次“会话”。

练一练

请同学们查阅本学习任务的知识及相关资料，讨论与思考。

1）Web 服务器使用的协议是____________，英文全称是____________，中文名称是____________。

2）世界上排名第一的Web服务器是（　　）。

A. Apache　　B. IIS　　C. SunONE　　D. NCSA

3）简述客户端访问Web服务器的过程。

____

____

二、认识Apache服务器的配置文件

想一想

请同学们查阅本学习任务的知识及相关资料，讨论与思考，Apache服务器的主配置文件是什么？

____

____

1. Apache服务器的配置文件

在Linux系统中配置服务其实就是修改服务的配置文件，httpd服务程序的主要配置文件及存放位置见表9–1。

表9–1　httpd的主要配置文件及存放位置

配置文件的名称	存放位置
服务目录	/etc/httpd
主配置文件	/etc/httpd/conf/httpd.conf
网站数据目录	/var/www/html
访问日志	/var/log/httpd/access_log
错误日志	/var/log/httpd/error_log

在httpd服务器程序的主配置文件中，存在三种类型的信息：注释行信息、全局配置、区域配置。在httpd服务程序主配置文件中，最为常用的参数见表9–2。

表9-2　主配置文件常用参数

参　数	说　明
ServerRoot	服务目录
ServerAdmin	管理员邮箱
User	运行服务的用户
Group	运行服务的用户组
ServerName	网站服务器的域名
DocumentRoot	文档根目录（网站数据目录）
Directory	网站数据目录的权限
Listen	监听的IP地址与端口号
DirectoryIndex	默认的索引页页面
ErrorLog	错误日志文件
CustomLog	访问日志文件
Timeout	网页超时时间，默认为300秒

选一选

请同学们查阅本学习任务的知识及相关资料，讨论并思考。

1）在Red Hat Linux中手工安装Apache服务器时，默认的Web站点的目录为（　　）。

A. /et/httpd　　B. /var/www/html

C. /etc/home　　D. /home/httpd

2）（　　）可以用于配置Red Hat Linux启动时自动启动httpd服务。

A. service　　B. ntsysv　　C. Useradd　　D. startx

小贴士

Apache是一种开放源码的HTTP服务器，可以在大多数计算机操作系统中运行，由于其多平台和安全性被广泛使用，是最流行的Web服务器端软件之一。

“网络信息人人共享，网络安全人人有责”。作为普通网民，我们既是网络安全的受保护者，也应该是网络安全的护卫者。我们要做的，就是科学安全地上网，不轻信、不传播各种来历不明、伪科学的传言，自觉抵制网络暴力、低俗有害信息，不贪婪、不相信天上掉馅饼的事，自觉提高防范意识，共同打造安全、清朗的网络环境。

活动1 安装配置Apache服务器

活动准备

1）启动虚拟机两台CentOS 7系统和一台Windows系统。

2）登录CentOS 7系统，管理员账户为root，密码是123456。

3）设置主机名依次为server1、client1和client2。

活动要求

1. 常规设置Apache服务器

邕盛科技公司研发部需要搭建一个Apache服务器，负责aaa.example.com网站的信息浏览服务。需要在研发部的服务器server1上安装httpd服务，建立站点aaa.example.com，其网站主目录为/var/www/html，首页内容为“Hello! This is aaa.example.com!”。

2. 配置虚拟目录

在IP地址为192.168.100.10的Apache服务器中，创建名为/yfb/的虚拟目录，它对应的物理路径是/virdir/，并在客户端进行测试。实训环境配置参数要求见表9–3。

表9–3 实训环境配置参数要求

主机名称	操作系统	IP地址	角色
server1	CentOS 7	192.168.100.1/24	Apache服务器、DNS服务器、NAT模式
client1	CentOS 7	192.168.100.20/24	Linux客户端、NAT模式
client2	Windows 10	192.168.100.40/24	Windows客户端、NAT模式
虚拟网卡VMnet8，IP地址192.168.100.8/24			

活动讨论

请同学们根据活动要求，分析如何配置常规的Apache服务器。

____

____

活动要点

1）按实验要求手动配置研发部服务器的IP地址、子网掩码、网关和DNS地址。

2）挂载本地yum源，接着安装Apache服务器并配置httpd.conf文件等。

3）在浏览器输入网址并打网址http://aaa.example.com查看效果。

活动过程

1. 常规设置Apache服务器

1）手动配置server1网络参数：IP地址、子网掩码、网关、DNS地址。

2）在server1挂载本地yum源。

3）在服务器server1上安装DNS服务器，域名为aaa.example.com（前面学习过，自主配置），域名解析效果如图9–2和图9–3所示。

```
$TTL 1D
@       IN SOA  @ rname.invalid. (
                                        0       ; serial
                                        1D      ; refresh
                                        1H      ; retry
                                        1W      ; expire
                                        3H )    ; minimum
        NS      @
        A       127.0.0.1
        AAAA    ::1
        PTR     localhost.
1       PTR     aaa.example.com.
1       PTR     ttt.example.com.
1       PTR     mmm.example.com.
```

图 9–2

```
$TTL 1D
@       IN SOA  @ rname.invalid. (
                                        0       ; serial
                                        1D      ; refresh
                                        1H      ; retry
                                        1W      ; expire
                                        3H )    ; minimum
        NS      @
        A       127.0.0.1
        AAAA    ::1
aaa     A       192.168.100.1
ttt     A       192.168.100.1
mmm     A       192.168.100.1
```

图 9–3

4）安装Apache服务器并配置httpd.conf文件。

```
[root@server1~]# yum install httpd -y //主配置文件
[root@server1~]# vi /etc/httpd/conf/httpd.conf   //编辑httpd.conf文件
    //在文件最后面添加以下内容信息：
<VirtualHost *:80> //端口号
    DocumentRoot /var/www/html     //index.html文件存储路径
    ServerName aaa.example.com     //域名
<Directory "/var/www/html">    //指向目录
    AllowOverride None
    Require all granted
</Directory>
</VirtualHost>
：wq                              //保存退出
```

5）创建目录和html文件。

```
[root@server1~]# mkdir –p /var/www/html    //创建/www/html目录
[root@server1~]#vi /var/www/html/index.html   //编辑index.html文件
```

```
输入网页内容:Hello!This is aaa.example.com!
:wq                    //保存退出
```

6）重启httpd服务、关闭防火墙设置并设置SELinux为允许。

```
[root@server1~]# systemctl  restart   httpd    //重启httpd服务
[root@server1~]# systemctl   stop  firewalld   //关闭防火墙
[root@server1~]# setenforce 0   //设置SELinux为允许
```

7）在Linux客户端client1访问aaa.example.com网页。

① 设置client1的IP地址，使client1和server1两台计算机相互能ping通，DNS服务器为server1。

② 挂载yum源并安装bind服务和浏览器。

```
[root@client1 yum.repos.d ~]#cd  /etc/yum.repos.d
[root@client1 yum.repos.d~]#mv CentOS-Base.repo CentOS-Base.repo.backup
[root@client1 yum.repos.d]# vi  CentOS-Media.repo   //编辑该文件（注意区分大小写）
baseurl=file:///media/ CentOS/   //改为：mnt
gpgcheck=1            //改为0
enabled=0             //改为1
：wq  #保存退出
[root@client1 yum.repos.d~]#mount  /dev/sr0  /mnt  //挂载镜像
[root@client1 ~]# yum install firefox  – y                  //安装浏览器
[root@client1 ~]# yum install bind  bind–utils  – y                 //安装bind服务
[root@client1 ~]#nslookup
```

③ 打开浏览器输入网址http://aaa.example.com，并查看效果。

```
[root@client1 ~]#firefox  http://192.168.100.1
```

8）在Windows客户端client2访问aaa.example.com网页。

① 设置client2的IP地址，使client2和server1两台计算机相互能ping通，DNS服务器为server1。

② 关闭防火墙，打开命令提示符窗口，ping通域名为aaa.example.com。

③ 打开浏览器输入网址http://aaa.example.com或http://192.168.100.1查看效果，如图9-4和图9-5所示。

图 9-4

图 9-5

2. 配置虚拟目录

在IP地址为192.168.100.1的Apache服务器中创建名为/yfb/的虚拟目录，它对应的物理路径是/virdir，并在客户端测试。

1）创建物理目录/virdir。

```
[root@localhost~]#nmtui
[root@server1~]# mkdir -p /virdir
```

2）创建虚拟目录中的默认首页文件。

```
[root@server1 ~]# cd /virdir
[root@server1 virdir]# echo "This is Virtual Directory sample。" >>index.html
```

3）修改默认文件的权限，使其他用户具有读和执行的权限。

```
[root@server1 virdir]# chmod 705 index.html
```

4）修改/etc/httpd/conf/httpd.conf文件，并添加下面的语句。

```
[root@server1~]# vi /etc/httpd/conf/httpd.conf
//添加下面的语句
Alias /yfb "/virdir"
<Directory "/virdir">
    AllowOverride None
    Require all granted
</Directory>
```

5）SELinux设置为允许，让防火墙放行httpd服务后重启httpd服务。

```
[root@server1~]# systemctl restart httpd //重启httpd服务
[root@server1~]# systemctl stop firewalld //关闭防火墙
[root@server1~]# setenforce 0 //设置SELinux为允许
```

6）在客户端client2的浏览器中输入http://192.168.100.1/yfb或http://aaa.example.com/yfb后，看到的虚拟目录的访问效果如图9–6和图9–7所示。

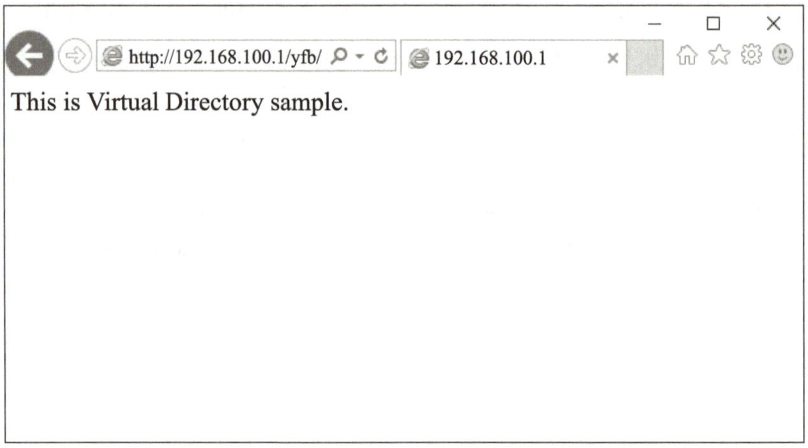

图 9-6

图 9-7

技能巩固

请同学们根据前面学习到的知识和技能，完成下面的操作。

在server1服务器上安装httpd服务，建立站点www.test.com，其网站主目录为/var/www/html，首页内容为“hello!this is www.test.com！”。

活动2 配置基于IP地址的虚拟主机

活动准备

1）启动一台虚拟机CentOS 7系统和一台虚拟机Windows系统。

2）登录CentOS 7系统，管理员账户为root，密码是123456。

3）设置主机名依次为server1和client2。

活动要求

邕盛科技公司研发部server1服务器上配置有两个IP地址192.168.100.1和192.168.100.10，以供策划部和营销部使用，并创建了两个基于IP地址的虚拟主机，要求不同的虚拟主机对应的主目录不同，分别为www/chb和www/yxb，默认文档的内容也不同，分别为“Hello, This is chb”和“Hello, This is yxb”。活动环境配置参数要求见表9-4。

表9-4　活动环境配置参数

主机名称	操作系统	IP地址	角色
server1	CentOS 7	192.168.100.1/24 192.168.100.10/24	Apache服务器、DNS服务器、NAT模式
client2	Windows 10	192.168.100.40/24	Windows客户端、NAT模式
虚拟网卡VMnet8，IP地址192.168.100.8/24			

活动讨论

请同学们查阅本学习任务的知识及相关资料，分析基于IP地址的虚拟机和其他虚拟机的区别。

___

___

活动要点

虚拟Web主机指的是在同一台服务器中运行多个Web站点，由于其中的每一个站点实际上都并不独立占用整个服务器，而被称为“虚拟”Web主机。通过虚拟Web主机服务可以充分利用服务器的硬件资源的特点，可以大大降低网站构建及运行成本。

Linux操作系统允许添加IP别名，也就是可以在一块物理网卡上绑定多个IP地址，这样就能够在使用单一网卡的同一个服务器上运行多个基于IP的虚拟主机。在安装好Apache服务器之后，创建目录和网页，再配置httpd文件，最后在浏览器中输入网址http://192.168.100.1和http://192.168.100.10。

活动过程

注意

本活动过程需在“活动1”的基础上操作。

1）手动配置server1网络参数：IP地址、子网掩码、网关、DNS地址。

```
IPADDR1=192.168.100.1
IPADDR2=192.168.100.10
```

2）在server1挂载本地yum源。

3）在服务器server1上安装DNS服务器，域名为aaa.example.com（前面学习过，自主配置）。

4）安装httpd服务。

```
[root@server1~]# yum install httpd    //主配置文件
```

5）创建两个主目录分别为/www/chb和/www/yxb，以及目录中的网页文件。

```
[root@server1 ~]#mkdir –p /www/chb
[root@server1 ~]#mkdir –p /www/yxb
[root@server1 ~]# echo "Hello, This is chb">/www/chb/index.html
[root@server1 ~]# echo "Hello, This is yxb">/www/yxb/index.html
```

6）配置httpd文件。

```
[root@server1~]# vi /etc/httpd/conf/httpd.conf   //编辑httpd.conf文件
<VirtualHost 192.168.100.1：80>
```

```
    DocumentRoot /www/chb
    ServerName aaa.example.com  //域名
    <Directory "/www/chb">  //指向目录
    AllowOverride None
    Require all granted
</Directory>
</VirtualHost>
<VirtualHost 192.168.100.10:80>
    DocumentRoot /www/yxb
ServerName aaa.example.com  //域名
<Directory "/www/yxb">  //指向目录
    AllowOverride None
    Require all granted
</Directory>
</VirtualHost>
```

7）重启httpd服务，关闭防火墙设置并设置SELinux为允许。

```
[root@server1~]# systemctl restart httpd    //重启httpd服务
[root@server1~]# systemctl stop firewalld   //关闭防火墙
[root@server1~]# setenforce 0   //设置SELinux为允许
```

8）在客户端测试访问网页。在Windows客户端client2分别使用192.168.100.1和192.168.100.10访问网页。

① 设置client2的IP地址为192.168.100.40，使client2和server1两台计算机相互能ping通，DNS服务器为server1。

② 关闭防火墙，打开命令提示符窗口，ping通192.168.100.1和192.168.100.10。

③ 打开浏览器并输入网址http://192.168.100.1和http://192.168.100.10查看效果，如图9–8和图9–9所示。

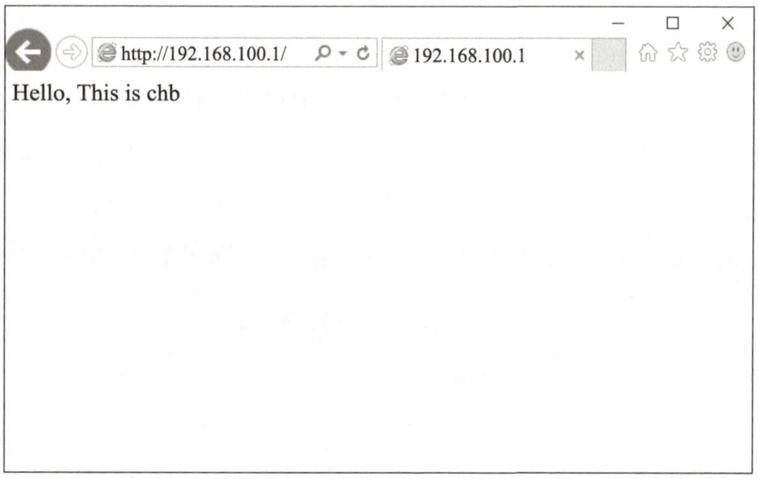

图 9-8

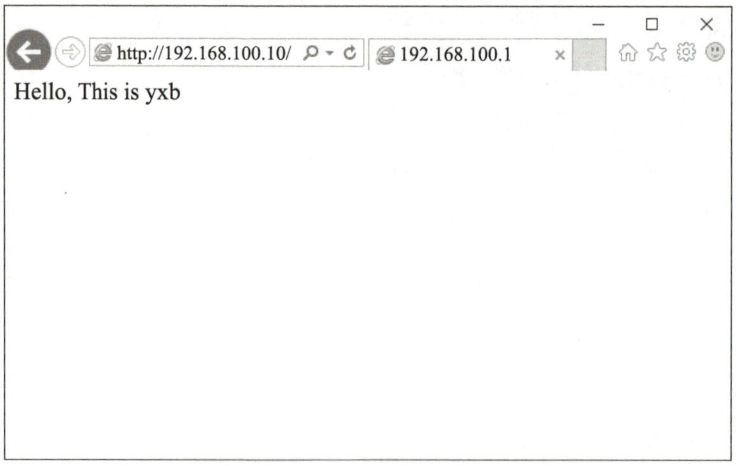

图 9-9

技能巩固

请同学们根据前面学习到的知识和技能，完成下面的操作。

在server1服务器配置两个IP地址，分别为192.168.100.1和192.168.100.10，创建两个基于IP地址的虚拟主机，要求不同的虚拟主机对应的主目录不同，分别为www/aaa1和www/aaa2，默认文档的内容也不同，分别为“hello, this is aaa1”和“hello, this is aaa2”。

活动3 配置基于域名的虚拟主机

活动准备

1）启动一台虚拟机CentOS 7系统和一台虚拟机Windows系统。

2）登录CentOS 7系统，管理员账户为root，密码是123456。

3）设置主机名依次为server1和client2。

活动要求

在研发部服务器server1配置IP地址为192.168.100.1。在DNS服务器中，该IP地址对应的域名分别为aaa1.example.com和aaa2.example.com。需要创建基于域名的虚拟主机，要求不同的虚拟主机对应的主目录不同，分别为www/aaa1和www/aaa2，默认文档的内容也不同，分别为“Hello, this is aaa1”和“Hello, this is aaa2”。活动环境配置参数要求见表9-5。

表9-5 活动环境配置参数

主机名称	操作系统	IP地址	角色
server1	CentOS 7	192.168.100.1/24	Apache服务器、DNS服务器、NAT模式
client2	Windows 10	192.168.100.40/24	Windows客户端、NAT模式
虚拟网卡VMnet8，IP地址192.168.100.8/24			

活动讨论

请同学们查阅本学习任务的知识及相关资料，讨论与思考，分析如何配置基于域名的虚拟主机。

____

____

活动要点

基于域名的虚拟主机会为每个虚拟主机使用不同的域名，但是其对应的 IP 地址是相同的。例如，aaa1.example.com 和 aaa2.example.com 站点的 IP 地址都是 192.168.100.1。这是使用最为普遍的虚拟主机类型。

活动过程

注意

本活动过程需在“活动2”的基础上操作。

1）修改网卡的网络参数，删除IPADDR2=192.168.100.10。

2）修改vi example.com.zone文件。

```
aaa1   A    192.168.100.1
aaa2   A    192.168.100.1
```

3）修改vi 192.168.100.zone文件。

```
1  PTR   aaa1.example.com.
1  PTR   aaa2.example.com.
```

4）创建两个主目录分别为/www/aaa1和/www/aaa2，以及目录中的网页文件。

```
[root@server1 ~]#mkdir -p  /www/aaa1
[root@server1 ~]#mkdir -p  /www/aaa2
[root@server1 ~]# echo "Hello, This is aaa1">/www/aaa1/index.html
[root@server1 ~]# echo "Hello, This is aaa2">/www/aaa2/index.html
```

5）修改httpd文件。

```
[root@server1~]# vi  /etc/httpd/conf/httpd.conf  //编辑httpd.conf文件
<VirtualHost 192.168.100.1:80>
    DocumentRoot  /www/aaa1
    ServerName aaa1.example.com   //域名
    <Directory  “/www/aaa1”>  //指向目录
    AllowOverride None
    Require all  granted
</Directory>
```

```
</VirtualHost>
<VirtualHost 192.168.100.1:80>
    DocumentRoot /www/aaa2
ServerName aaa2.example.com  //域名
<Directory "/www/aaa2"> //指向目录
    AllowOverride None
    Require all  granted
</Directory>
</VirtualHost>
```

6）重启httpd服务，关闭防火墙设置并设置SELinux为允许。

```
[root@server1~]# systemctl restart  httpd   //重启httpd服务
[root@server1~]# systemctl restart named   //重启named服务
[root@server1~]# systemctl  stop firewalld   //关闭防火墙
[root@server1~]# setenforce 0  //设置SELinux为允许
```

7）在Windows客户端测试访问网页。打开浏览器并输入网址http://aaa1.example.com和http:///aaa2.example.com查看效果，如图9-10和图9-11所示。

图 9-10

图 9-11

技能巩固

请同学们根据前面学习到的知识和技能，完成下面的操作。

server1服务器的IP地址为192.168.100.1。在DNS服务器中，该IP地址对应的域名分别为aaa1.test.com和aaa2.test.com。现需要创建基于域名的虚拟主机，要求不同的虚拟主机对应的主目录不同，分别为www/aaa1和www/aaa2，默认文档的内容也不同，分别为“hello, this is aaa1”和“hello, this is aaa2”。

活动4 配置基于端口的虚拟主机

活动准备

1）启动虚拟机一台CentOS 7系统和一台Windows系统。

2）登录CentOS 7系统，管理员账户为root，密码是123456。

3）设置主机名依次为server1和client2。

活动要求

在server1服务器配置IP地址为192.168.100.1，需要创建基于8080和8888两个不同端口号的虚拟主机，要求不同的虚拟主机对应的主目录不同，分别为www/aaa1和www/aaa2，默认文档的内容也不同分别为“hello, this is aaa1”和“hello, this is aaa2”。活动环境配置参数要求见表9–6。

表9–6 活动环境配置参数

主机名称	操作系统	IP地址	角色
server1	CentOS 7	192.168.100.1/24	Apache服务器、DNS服务器、NAT模式
client2	Windows 10	192.168.100.40/24	Windows客户端、NAT模式
虚拟网卡VMnet8，IP地址192.168.100.8/24			

活动讨论

请同学们查阅本学习任务的知识及相关资料，讨论与思考，分析如何配置基于域名的虚拟主机。

____

____

活动要点

基于端口的虚拟主机不使用域名、IP 地址来区分不同的站点内容，而是使用了不同的 TCP 端口号，因此用户在浏览不同的虚拟站点时需要同时指定端口号才能访问。

活动过程

注意

本活动过程需在“活动3”的基础上操作。

1）修改vi example.com.zone文件，删除aaa1和aaa2的记录。

```
aaa  A   192.168.100.1
```

2）修改vi 192.168.100.zone文件，删除aaa1和aaa2的记录。

```
1  PTR    aaa.example.com.
```

3）修改httpd文件。

```
[root@server1~]# vi  /etc/httpd/conf/httpd.conf  //编辑httpd.conf文件
//在42行后面添加
Listen 8080
Listen 8888

<VirtualHost 192.168.100.1：8080>
      DocumentRoot  /www/aaa1
      ServerName aaa.example.com     //域名
      <Directory "/www/aaa1">  //指向目录
      AllowOverride None
      Require  all   granted
</Directory>
</VirtualHost>
<VirtualHost 192.168.100.1:8888>
      DocumentRoot /www/aaa2
ServerName aaa.example.com     //域名
<Directory "/www/aaa2">  //指向目录
      AllowOverride None
      Require  all   granted
</Directory>
</VirtualHost>
```

4）重启httpd服务，关闭防火墙设置并设置SELinux为允许。

```
[root@server1~]# systemctl   restart    httpd    //重启httpd服务
[root@server1~]# systemctl   restart    named    //重启named服务
[root@server1~]# systemctl    stop    firewalld    //关闭防火墙
[root@server1~]# setenforce    0   //设置SELinux为允许
```

5）在Windows客户端测试访问网页。打开浏览器输入网址http://aaa.example.com：8080和http:///aaa.example.com：8888查看效果，如图9-12和图9-13所示。

图 9-12

图 9-13

技能巩固

请同学们根据前面学习到的知识和技能，完成下面的操作。

server1服务器的IP地址为192.168.100.1。需要创基于8080和8888两个不同端口号的虚拟主机，要求不同的虚拟主机对应的主目录不同，分别为www/aaa3和www/aaa4；默认文档的内容也不同，分别为“hello, this is aaa3”和“hello, this is aaa4”。

活动5 配置用户身份认证

活动准备

1）启动一台虚拟机CentOS 7系统和一台虚拟机Windows系统。

2）登录CentOS 7系统，管理员账户为root，密码是123456。

3）设置主机名依次为server1和client2。

活动要求

经常上网的同学有时可能会遇到这种情况：访问一些网站的某些资源时，浏览器弹出一个对话框，要求输入用户名和密码来获取对资源的访问。这就是用户认证的一种技术。用户认证是保护网络系统资源的第一道防线，它控制着所有登录并负责检查访问用户的合法性，其目标是仅让合法用户以合法的权限访问网络系统的资源。基本的用户认证技术是“用户名＋密码”。研发部想要限定网站的登录群体，因此需要设置一个虚拟目录/htayfb，使用户必须输入用户名和密码才能访问网页。

活动环境配置参数要求见表9–7。

表9–7　活动环境配置参数

主机名称	操作系统	IP地址	角色
server1	CentOS 7	192.168.100.1/24	Apache服务器、DNS服务器、NAT模式
client2	Windows 10	192.168.100.40/24	Windows客户端、NAT模式
虚拟网卡VMnet8，IP地址192.168.100.8/24			

活动讨论

请同学们查阅本学习任务的知识及相关资料，分析应如何配置用户身份认证。

____

____

活动要点

用户验证中部分配置行提示信息见表9–8。

表9–8　用户验证中部分配置行提示信息

命令	功能
AuthType basic	表示进行验证的方式
AuthName "yfb_Zone"	表示验证时提示的信息（可随意进行填写）
AuthUserFile	表示身份验证文件（包含用户名和密码）的物理位置
Require user valid–user	表示允许某个用户进行身份验证（该用户必须存在于身份验证文件中），valid–user即表示为一个用户

活动过程

注意

本活动过程需在“活动4”的基础上操作。

1）创建一个新用户user1。

```
[root@server1 ~]# mkdir  /virdir/yfb
[root@server1 ~]# echo "new user Website">/virdir/yfb/index.html
[root@server1 ~]# cd  /virdir/yfb
[root@server1 yfb]# /usr/bin/htpasswd  –c  /usr/local/.htpasswd  user1
New password:        //输入user1用户的密码，密码为user1
Re–type new password:  //再次输入确定密码
[root@server1 yfb]# /usr/bin/htpasswd   /usr/local/.htpasswd  yfb1   //添加一个其他用户
New password:        //输入yfb1用户的密码，密码为123
Re–type new password:  //再次输入确定密码
```

2）在httpd.conf文件中设置使该目录允许采用.htaccess进行用户身份认证。

```
[root@server1~]# vi  /etc/httpd/conf/httpd.conf                    //编辑httpd.conf文件
<VirtualHost 192.168.100.1：80>
    DocumentRoot  /virdir/yfb
    ServerName aaa.example.com   //域名
Alias  /htayfb         "/virdir/yfb"
<Directory "/virdir/yfb">
    Options Indexes MultiViews FollowSymLinks                      //允许列目录
    AllowOverride AuthConfig                                       /启用用户身份认证
    Order deny,allow
    Allow from all                                                 //允许所有用户访问
    AuthName    yfb_Zone                      //定义的认证名称，与后面的.htpasswd文件中的一致！
</Directory>
</VirtualHost>
```

3）在/virdir/yfb目录下新建一个.htaccess文件。

```
[root@server1 yfb]# cd  /virdir/yfb
[root@server1 yfb]# touch  .htaccess          //创建.htaccess
[root@server1 yfb]# vi .htaccess              //编辑.htaccess文件并加入以下内容
AuthName "yfb_Zone"
AuthType Basic
AuthUserFile  /usr/local/.htpasswd            //指明存放授权访问的密码文件
require   valid–user                          //指明只有密码文件的用户才是有效用户
```

4）重启httpd服务、关闭防火墙设置并设置SELinux为允许。

```
[root@server1~]# systemctl  restart   httpd   //重启httpd服务
[root@server1~]# systemctl   stop  firewalld   //关闭防火墙
[root@server1~]# setenforce  0  //设置SELinux为允许
```

5）在Windows客户端测试访问网页。

① 打开浏览器输入网址http://aaa.example.com/htayfb查看效果，如图9–14～图9–16所示。

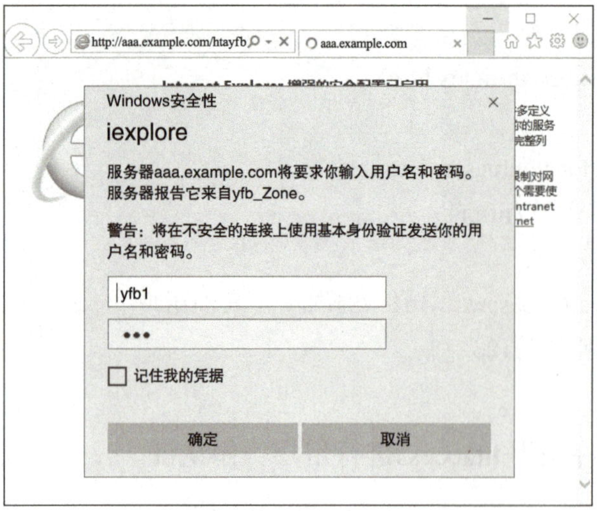

图 9-14

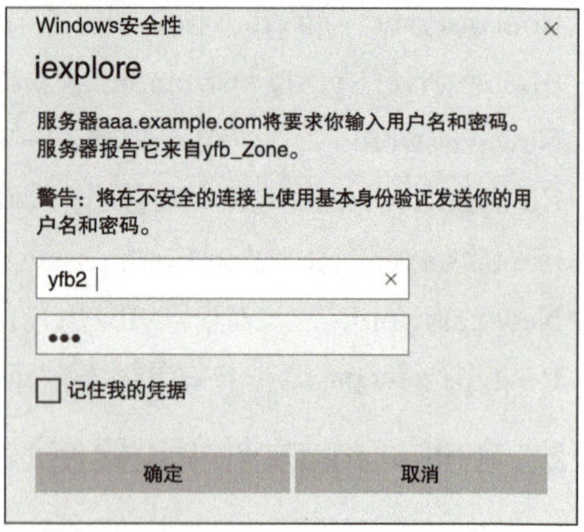

图 9-15

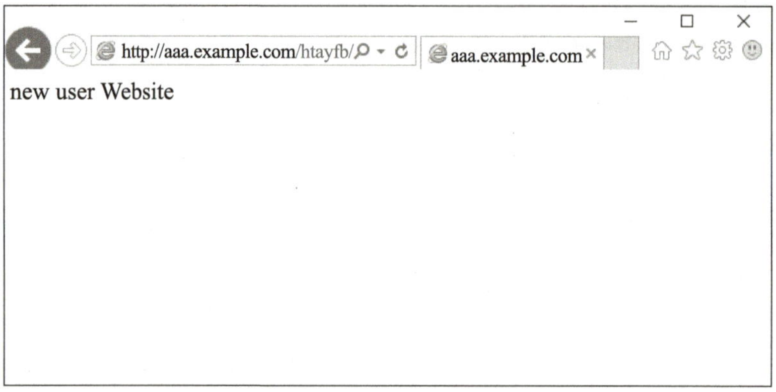

图 9-16

② 打开浏览器输入网址http://192.168.100.1/htayfb查看效果，如图9-17和图9-18所示。

图 9-17

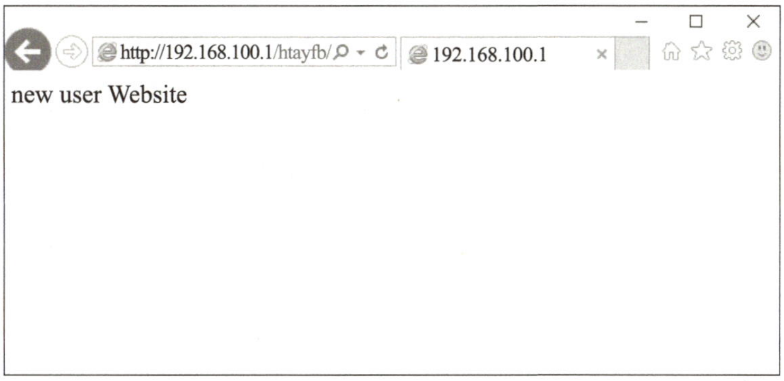

图 9-18

技能巩固

请同学们根据前面学习到的知识和技能，完成下面的操作。

要求：设置一个虚拟目录/htatest，使用户必须输入用户名和密码才能访问网页。

考核评价

班 级		姓 名	
一、知识目标掌握情况（30分）			
评 价 内 容	自 评	互 评	师 评
1. 掌握Web服务的作用 2. 理解Apache服务器的特性 3. 掌握安装配置Apache服务器的方法 4. 掌握设置常规Apache服务器的方法 5. 理解文件控制存取的技巧 6. 掌握用户身份认证的技巧 7. 掌握不同类型的虚拟机设置的方法	□理解 10分 □基本理解 6分 □不理解 3分	□理解 10分 □基本理解 6分 □不理解 3分	□理解 10分 □基本理解 6分 □不理解 3分
二、能力目标掌握情况（60分）			
评 价 内 容	自 评	互 评	师 评
1. 能够正确安装、启动和停止Apache服务器 2. 能够正确设置防火墙和SELinux 3. 能够正确设置Apache服务器的配置文件 4. 能够正确配置基于IP地址的虚拟主机 5. 能够正确配置基于域名的虚拟主机 6. 能够正确配置基于端口号的虚拟主机 7. 能够正确设置虚拟目录，使用户必须输入账户和密码才能访问 8. 能够正确设置Apache服务器的常规选项	□完成 20分 □基本完成 15分 □未完成 5分	□完成 20分 □基本完成 15分 □未完成 5分	□完成 20分 □基本完成 15分 □未完成 5分
三、学生专业素质（10分）			
评 价 内 容	自 评	互 评	师 评
学习态度：认真听课、积极回答问题 基本素养：纪律好、正确使用手机、不迟到、不早退	□优秀 3分 □良好 2分 □合格 1分	□优秀 3分 □良好 2分 □合格 1分	□优秀 4分 □良好 3分 □合格 1分
总分	知识得分	能力得分	素质得分

任务10
配置与管理FTP服务器

任务情境

崑盛科技公司组建了一个中小型网络，你是公司的系统管理员，现需要配置和管理Linux系统的FTP服务器，为公司局域网中的计算机提供文件传送服务，为研发部、策划部和OA系统提供异地数据备份。现要求你能够配置FTP服务器，创建用户，配置FTP目录权限，设置连接等且能根据实际情况进行具体操作。

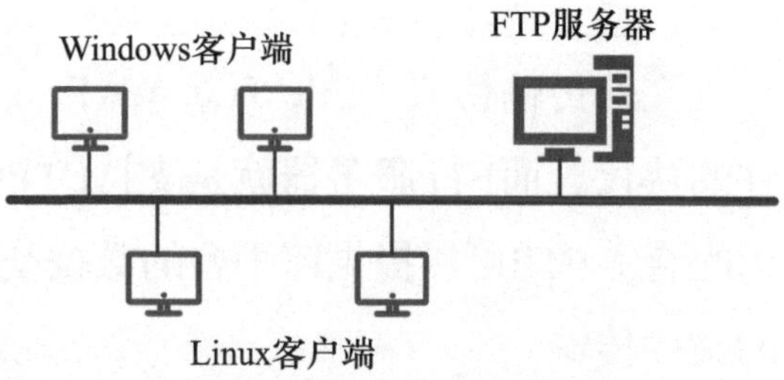

FTP服务器网络拓扑图

学习目标

✍ 知识目标

- 掌握FTP服务器的作用
- 理解FTP服务器工作原理
- 掌握安装配置FTP服务器的方法
- 掌握本地用户的设置方法
- 理解本地权限的内容要点
- 理解vsftpd认证模式
- 掌握配置本地模式的常规FTP服务器的方法

✍ 能力目标

- 能够正确安装与启动vsftpd服务
- 能够正确设置vsftpd服务的主配置文件
- 能够正确设置vsftpd服务的认证模块配置文件
- 能够正确设置vsftpd服务的user_list配置文件
- 能够正确搭建允许匿名用户登录的FTP服务器
- 能够正确建立维护网站内容的FTP账号和密码
- 能够正确修改本地权限
- 能够正确在Linux客户端测试

✍ 素质目标

- 培养学生善于沟通、敢于提问、勤于思考的素质能力
- 培养学生善于动手实践能力，并提升专业自豪感

知识储备

一、FTP服务的概述

填一填

请同学们查阅本学习任务的知识及相关资料，讨论与思考，什么是FTP服务器？

____

____

文件传输协议（File Transfer Protocol，FTP）是能够让用户在互联网中上传、下载文件的协议，而FTP服务器就是支持FTP的主机。完成文件传输需要FTP服务器和FTP客户端的配合。FTP可以提供跨平台的数据交互，如安装Linux和Windows操作系统的计算机之间的文件传输。

FTP数据传输的类型分为主动模式和被动模式。主动模式（PORT模式）指FTP服务端主动向FTP客户端发起连接请求；被动模式（PASV模式）指FTP服务端等待FTP客户端的连接请求。在被动模式FTP中，命令连接和数据连接都由客户端发起，这样就可以解决服务器到客户端的数据端口连接方向连接被客户端防火墙过滤掉的问题。

二、FTP工作原理

想一想

请同学们查阅本学习任务的知识及相关资料，讨论与思考，简述FTP服务器的工作过程。

____

____

FTP服务的具体工作过程如图10-1所示。

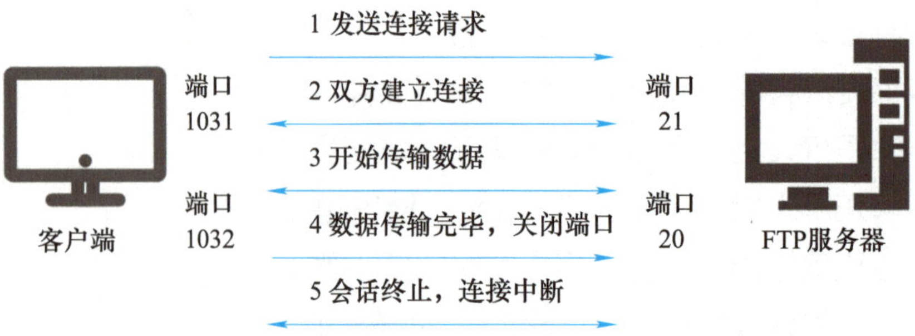

图 10-1

1）客户端向服务器发送连接请求，同时客户端系统动态地打开一个大于1024的端口等候FTP服务器连接（例如1031端口）。

2）若FTP服务器在端口21侦听到该请求，则会在客户端1031端口和FTP服务器的21端口之间建立起一个FTP会话连接。

3）当需要传输数据时，FTP客户端再动态地打开一个大于1024的端口（例如1032端口）连接到FTP服务器的20端口，并在这两个端口之间进行数据的传输。

4）当数据传输完毕后，这两个端口会自动关闭。

5）当FTP客户端断开与FTP服务器的连接时，客户端上动态分配的端口将自动释放。

三、vsftpd的认证模式

填一填

请同学们查阅本学习任务的知识及相关资料，思考与讨论，vsftpd的三种认证模式分别是__________、__________、__________。

vsftpd允许用户以以下三种认证模式登录到FTP服务器上。

1）匿名开放模式：是一种最不安全的认证模式，任何人都可以在无须密码验证的情况下直接登录到FTP服务器。匿名用户登录的参数说明见表10-1。

表10-1　匿名用户登录的参数说明

参　　数	说　　明
anonymous_enable=YES	允许匿名访问模式
anon_umask=022	允许匿名用户上传文件的umask值
anon_upload_enable=YES	允许匿名用户上传文件
anon_mkdir_write_enable=YES	允许匿名用户创建目录
anon_other_write_enable=YES	允许匿名用户修改目录名称或删除目录

2）本地用户模式：是通过Linux系统本地的账户密码信息进行认证的模式，相较于匿名开放模式更安全，而且配置起来也很简单。但是如果被黑客破解了账户的信息，就可以畅通无阻地登录FTP服务器，进而完全控制整台FTP服务器。

3）虚拟用户模式：是这三种模式中最安全的一种认证模式，它需要为FTP服务器单独建立用户数据库文件，虚拟出用来进行口令验证的账户信息，这些账户信息在服务器系统中实际上是不存在的，而是仅供FTP服务程序进行认证使用。这样，黑客即使破解了账户信息也无法登录服务器，从而可以有效降低破坏范围和影响。

vsftpd服务的主配置文件“/etc/vsftpd/vsftpd.conf”内容的总长度达到了127行，但其中大多数参数因在开头添加了注释符“#”而成为了注释信息，vsftpd服务主配置文件中常用的参数及其作用见表10-2。

表10-2　vsftpd 服务主配置文件中常用的参数及其作用

参　数	作　用
listen=[YES|NO]	是否以独立运行的方式监听服务
listen_address=IP地址	设置要监听的IP地址
listen_port=21	设置FTP服务的监听端口
download_enable=[YES|NO]	是否允许下载文件
userlist_enable=[YES|NO] userlist_deny=[YES|NO]	设置用户列表为“允许”还是“禁止”操作
max_clients=0	最大客户端连接数，0为不限制
max_per_ip=0	同一IP地址的最大连接数，0为不限制
anonymous_enable=[YES|NO]	是否允许匿名用户访问
anon_upload_enable=[YES|NO]	是否允许匿名用户上传文件
anon_umask=022	匿名用户上传文件的umask值
anon_root=/var/ftp	匿名用户的FTP根目录
anon_mkdir_write_enable=[YES|NO]	是否允许匿名用户创建目录
anon_other_write_enable=[YES|NO]	是否开放匿名用户的其他写入权限（包括重命名、删除等操作权限）
anon_max_rate=0	匿名用户的最大传输速率（字节/秒），0为不限制
local_enable=[YES|NO]	是否允许本地用户登录FTP
local_umask=022	本地用户上传文件的umask值
local_root=/var/ftp	本地用户的FTP根目录
chroot_local_user=[YES|NO]	是否将用户权限禁锢在FTP目录，以确保安全
local_max_rate=0	本地用户最大传输速率（字节/秒），0为不限制

填一填

请同学们自行查阅相关vsftpd服务主配置文件的知识资料，并在表10-3中填写vsftpd 服务主配置文件命令及说明的内容。

表10-3　vsftpd 服务主配置文件命令及说明

文件命令	说　明
download_enable=[YES|NO]	
	是否允许匿名用户访问
	是否允许匿名用户上传文件
anon_mkdir_write_enable=[YES|NO]	
local_enable=[YES|NO]	
	本地用户最大传输速率（字节/秒），0为不限制

活动1 安装配置本地用户模式访问FTP服务器

活动准备

1）启动一台虚拟机CentOS 7系统和一台虚拟机Windows系统。

2）登录CentOS 7系统，管理员账户为root，密码是123456。

3）设置主机名依次为sever1和client1。

活动要求

邕盛科技公司需要搭建一台FTP服务器。要求配置vsftpd服务，创建FTP服务站点，设置域名为ttt.example.com、站点主目录为/var/ftpsite，不允许匿名用户访问；需建立ftpyf1和ftpch1两个账号，密码和用户名相同，以实现研发部和策划部只能分别通过这两个用户访问各自的主目录，并具有上传和下载文件、创建和删除目录的权限。

活动环境配置参数要求见表10-4。

表10-4 活动环境配置参数

主机名称	操作系统	IP 地址	角色
server1	CentOS 7	192.168.100.1/24	FTP服务器、DNS服务器、NAT模式
client1	Windows 10	192.168.100.10/24	Windows客户端、NAT模式
虚拟网卡VMnet8，IP地址为192.168.100.8/24			

活动讨论

请同学们查阅本活动的知识及相关资料，思考讨论。

1）如何安装FTP服务器并配置FTP站点属性？

____

____

2）如何给用户分配权限？

____

____

活动要点

1）配置本地用户模式。

2）创建ftpyf1和ftpch1两个账号，密码和用户名相同。

3）配置网络参数以保证计算机之间的连通性。

4）安装配置本地yum源和DNS服务器，域名为ttt.example.com。

活动过程

1）配置server1网络参数：IP、子网掩码、网关、DNS地址（前面已学习，自主配置）。

2）在server1挂载本地yum源（前面已学习，自主配置）。

3）在服务器server1上安装DNS服务器，域名为ttt.example.com（前面已学习，自主配置）。

4）创建FTP用户和设置密码。

```
[root@server1~]#useradd ftpyf1
[root@server1~]#useradd ftpch1
[root@server1~]#passwd ftpyf1
[root@server1~]#passwd ftpch1
```

5）安装配置vsftpd服务。

```
[root@server1~]#yum install vsftpd -y        //安装vsftpd服务组件
[root@server1~]#yum install ftp -y           //同时安装FTP软件包
```

6）配置vsftpd.conf文件。

```
[root@server1~]# vi /etc/vsftpd/vsftpd.conf
//在文件中修改和添加以下命令：
anonymous_enable=NO                //12行，YES改为NO，不允许匿名用户登录
chroot_list_enable=YES //101行，去#号
chroot_list_file=/etc/vsftpd/chroot_list //103行，去#号
user_config_dir=/etc/vsftpd/ftpuser //在最后添加语句，用户配置目录
```

7）创建chroot_list文件。

```
[root@server1~]# vi /etc/vsftpd/chroot_list
ftpyf1
ftpch1
```

8）创建ftp用户配置目录。

```
[root@server1~]# mkdir /etc/vsftpd/ftpuser
```

9）创建ftp用户配置文件。

```
[root@server1~]#vi /etc/vsftpd/ftpuser/ftpyf1
local_root=/var/ftpsite/ftpyf1
allow_writeable_chroot=YES
[root@server1~]#vi /etc/vsftpd/ftpuser/ftpch1
local_root=/var/ftpsite/ftpch1
allow_writeable_chroot=YES
```

10）创建ftp目录。

```
[root@server1~]#mkdir -p /var/ftpsite/ftpyf1
[root@server1~]#mkdir -p /var/ftpsite/ftpch1
```

11）设置权限。

```
[root@server1~]# chown ftpyf1 /var/ftpsite/ftpyf1
[root@server1~]# chown ftpch1 /var/ftpsite/ftpch1
[root@server1~]# chmod 700 /var/ftpsite/ftpyf1
[root@server1~]# chmod 700 /var/ftpsite/ftpch1
```

12）重启httpd服务和关闭防火墙设置并设置SELinux为允许。

```
[root@server1~]# systemctl  restart  vsftpd   //重启vsftpd服务
[root@server1~]# systemctl   stop  firewalld   //关闭防火墙
[root@server1~]# setenforce 0  //设置SELinux为允许
```

13）在client1客户端测试访问FTP服务器。

① 设置Windows 10的IP地址，使client1和server1两台计算机相互能ping通，DNS服务器为server1。

② 在client1客户端的资源管理器中输入ftp://ttt.example.com，分别登录ftpyf1和ftpch1进入不同目录验证权限，在ftpyf1用户登录成功的目录创建一个yanfubu的文件夹，在ftpych1用户登录成功的目录创建一个cehuabu的文件夹，效果图如图10-2～图10-5所示。

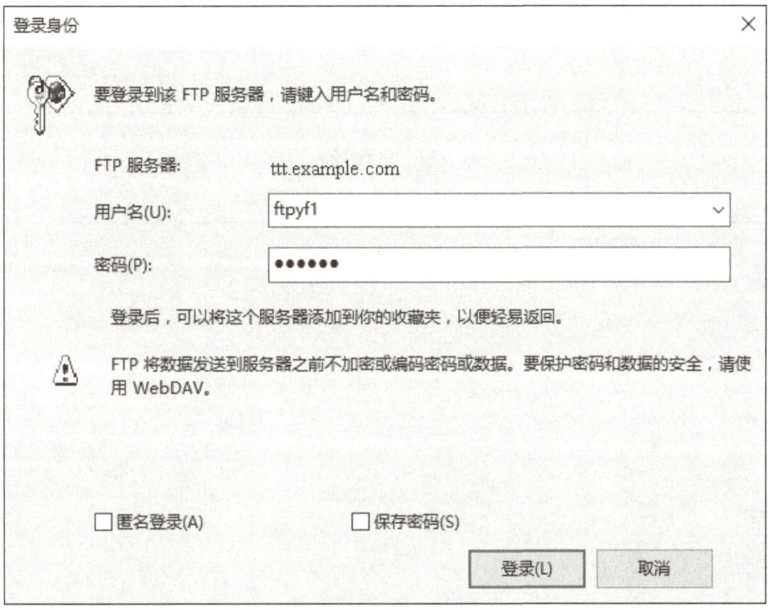

图 10-2

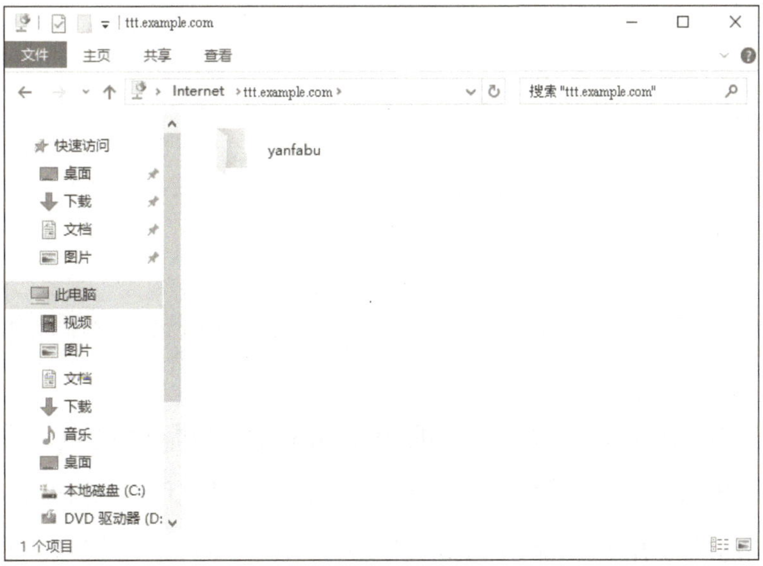

图 10-3

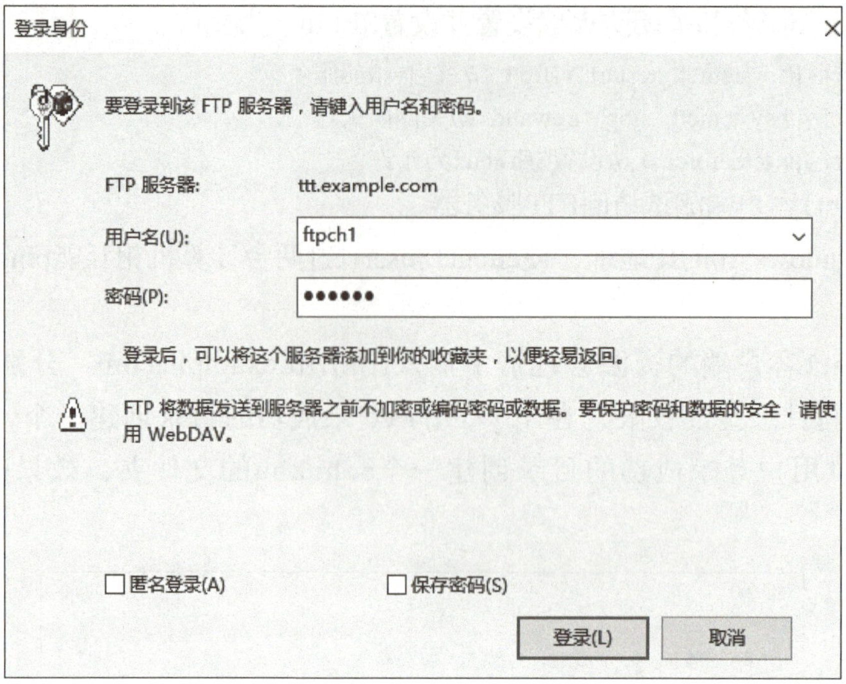

图 10-4

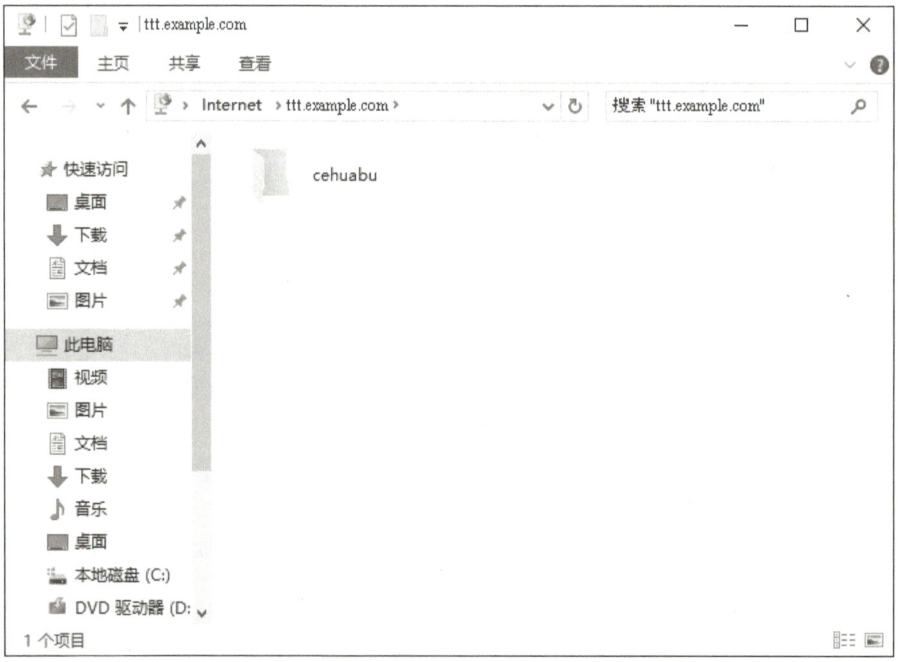

图 10-5

技能巩固

为已搭建的一台FTP服务器配置vsftpd服务，并创建FTP服务站点，设置域名为ftp.jnds.com、站点主目录为/var/ftpsite，不允许匿名用户访问；建立ftptest1和ftptest2两个账号，密码和用户名相同，这两个用户只能访问各自的主目录，具有上传权限，但没有下载文件、创建和删除目录的权限。

活动2 安装配置虚拟用户模式访问FTP服务器

活动准备

1）启动一台虚拟机CentOS 7系统和一台虚拟机Windows系统。

2）登录CentOS 7系统，管理员账户为root，密码是123456。

3）设置主机名依次为sever1和 client1。

活动要求

邕盛科技公司在Linux系统搭建了一台FTP服务器并安装了vsftpd，配置了FTP虚拟用户模式，现要求使用虚拟用户vuser1、vuser2登录FTP服务器，域名为ttt.example.com，访问主目录为/var/ftp/vuser，允许虚拟用户查看、上传、创建、修改和删除文件等操作。

活动环境配置参数要求见表10-5。

表10-5 活动环境配置参数

主机名称	操作系统	IP 地址	角色
server1	CentOS 7	192.168.100.1/24	FTP服务器、DNS服务器、NAT模式
client1	Windows 10	192.168.100.10/24	Windows客户端、NAT模式
虚拟网卡VMnet8，IP地址为192.168.100.8/24			

活动讨论

请同学们查阅本活动的知识及相关资料，思考并讨论。

1）如何创建虚拟用户隔离模式的FTP站点？

____

____

2）如何测试FTP服务器？

____

____

活动要点

1）配置虚拟用户模式。

2）创建虚拟用户vuser1和vuser2两个账号，密码和用户名相同。

3）配置网络参数以保证计算机之间的连通性。

4）安装配置本地yum源和DNS服务器，域名为ttt.example.com。

活动过程

1）配置server1网络参数：IP、子网掩码、网关、DNS地址（前面已学习，自主配置）。

2）在server1挂载本地yum源（前面已学习，自主配置）。

3）在服务器server1上安装DNS服务器，域名为ttt.example.com（前面已学习，自主配置）。

4）安装vsftpd服务。

```
[root@server1~]#yum install vsftpd –y    //安装vsftpd服务
[root@server1~]#yum install ftp –y       //安装ftp服务
```

5）配置/etc/vsftpd/vsftpd.conf文件并设置虚拟用户权限。

```
[root@server1~]#vi  /etc/vsftpd/vsftpd.conf
```

在文件最后面添加下面的语句：

```
anon_upload_enable=YES                    //是否允许匿名用户上传文件
anon_mkdir_write_enable=YES               //是否允许匿名用户创建目录
anon_other_write_enable=YES               //是否开放匿名用户的其他写入权限
guest_enable=YES                          //开启用户身份映射
guest_username=admin                      //改为映射虚拟用户的本地用户admin
allow_writeable_chroot=YES                //所有的用户都将拥有chroot权限
user_config_dir=/etc/vsftpd/vuserconfig   //实现FTP用户的独立配置，一旦用户登录，即会立即生效！
```

修改下面的语句：

```
anonymous_enable=YES    //12行，改为大写NO，禁止匿名用户访问
#chroot_local_user=YES    //100行，删注释，
#chroot_list_enable=YES     //101行，删注释。  vsftpd.chroot_list中不添加该用户即可(此时，在该文件中的用户都是)
#chroot_list_file=/etc/vsftpd/chroot_list //103行，删注释，可以浏览其主目录之外的目录
```

6）创建本地用户admin（密码可不设置）。

```
[root@server1~]# useradd admin
```

7）创建虚拟用户和密码并加密成数据库文件。

```
[root@server1~]#cd /etc/vsftpd/
[root@server1  vsftpd]# touch chroot_list
[root@server1  vsftpd]#vi vuser //创建虚拟用户的用户名和密码文件并加密成数据库文件
                vuser1          //奇数行: 用户名
                123             //偶数行: 密码
                vuser2
                123
[root@server1  vsftpd]#db_load –T –t hash –f vuser vuser.db   //加密
[root@server1  vsftpd]# rm –f vuser    // 删掉原文件
```

8）创建用户并配置文件所在的目录。

```
[root@server1 vsftpd]#cd
[root@server1~]#cd /etc/vsftpd
[root@server1 vsftpd]#mkdir vuserconfig  //创建用户配置文件所在的目录
[root@server1 vsftpd]#cd  /etc/vsftpd/vuserconfig
```

```
[root@server1 vuserconfig]#echo ‘local_root=/ftp/ftp/vuser1’ > vuser1
[root@server1 vuserconfig]#echo ‘local_root=/ftp/ftp/vuser2’ > vuser2
[root@server1 vsftpd]#mkdir –p /ftp/ftp/vuser1
[root@server1 vsftpd]#mkdir –p /ftp/ftp/vuser2
[root@server1 vsftpd]#cd /ftp/ftp
[root@server1 ftp]# chown admin vuser*  //更改两个目录的所属者为admin（*前缀是vuser的全部目录）
```

9）修改pam认证信息。

```
[root@server1~]#
cp –p /usr/share/doc/vsftpd–3.0.2/EXAMPLE/VIRTUAL_USERS/vsftpd.pam
/etc/pam.d/vsftpd
//复制vsftpd.pam认证模板/etc/pam.d/vsftpd。出现/etc/pam.d/vsftpd? 是说明是否覆盖，输入yes。
[root@server1 ~]#vi  /etc/pam.d/vsftpd        // pam身份认证
//注释里面所有的语句，在后面添加：
auth required  pam_userdb.so  db=/etc/vsftpd/vuser
account required   pam_userdb.so  db=/etc/vsftpd/vuser
```

10）重启vsftpd服务、关闭防火墙。

```
[root@server1 ~]#systemctl restart vsftpd     //重启vsftpd服务
[root@server1 ~]#systemctl status  vsftpd    //查看vsftpd服务的状态
[root@server1 ~]#systemct stop firewalld     //关闭防火墙
[root@server1 ~]#setenforce 0             //SELinux允许放行
```

11）在client1客户端使用虚拟用户登录FTP服务器并验证权限。

① 设置Windows 10的IP地址，使client1和server1两台计算机相互能ping通，DNS服务器为server1。

② 在client1客户端的资源管理器中输入ftp://ttt.example.com，分别登录vuser1和vuser2进入不同目录验证权限，权限包括查看、上传、创建、修改和删除文件内容等操作。使用vuser1用户登录成功时，创建一个名为vuser1的文件夹。使用vuser2用户登录成功时，创建一个名为vuser2的文件夹。操作效果如图10-6～图10-9所示。

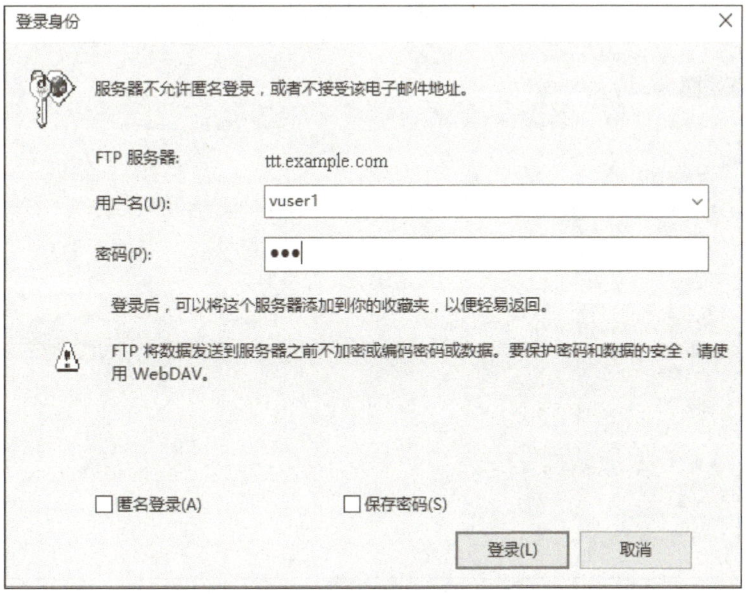

图 10-6

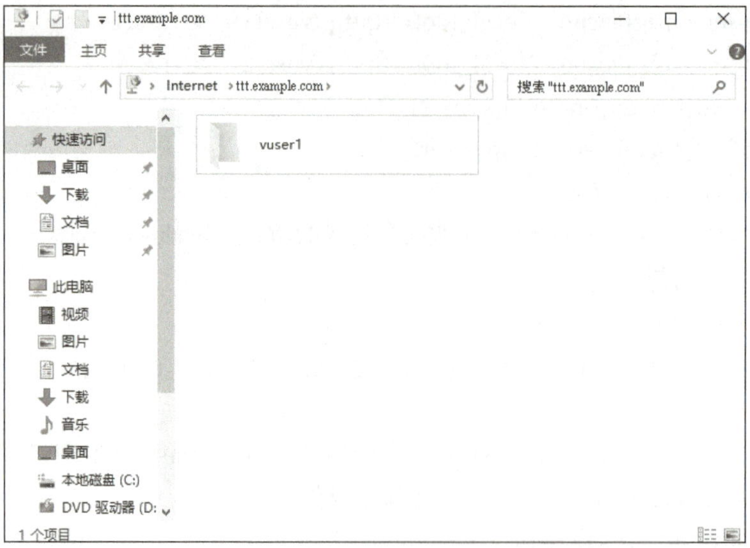

图 10-7

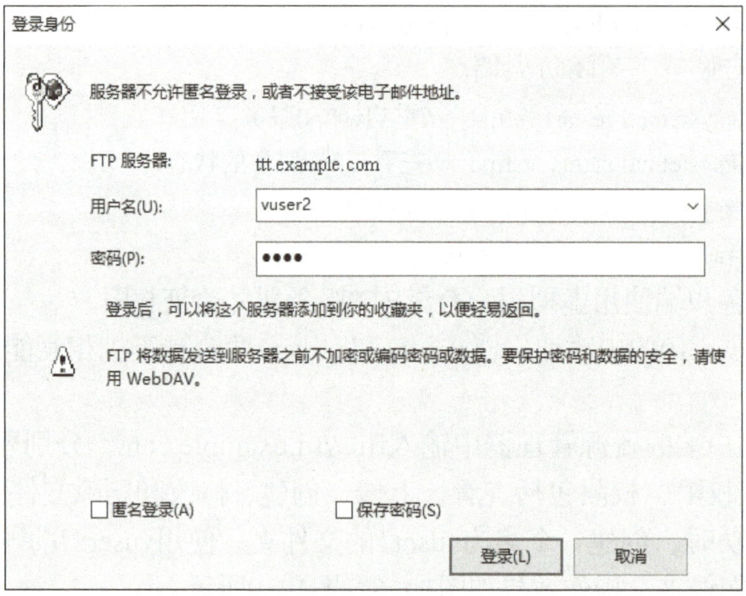

图 10-8

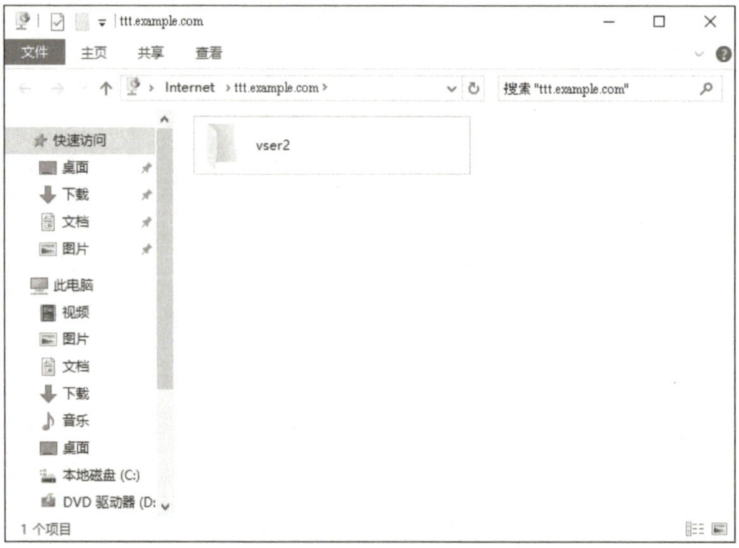

图 10-9

技能巩固

在Linux系统搭建一台FTP服务器，需要安装vsftpd服务并配置FTP虚拟用户模式，设置虚拟用户为用户vtest1和vtest2、域名为ftp.js.com、vtest1登录FTP服务器后的目录为/var/ftp/vtest，允许虚拟用户进行查看、创建、修改文件等操作，但不允许上传文件。

考核评价

<table>
<tr><td colspan="2">班　级</td><td colspan="2">姓　名</td><td colspan="4"></td></tr>
<tr><td colspan="8">一、知识目标掌握情况（30分）</td></tr>
<tr><td colspan="2">评 价 内 容</td><td colspan="2">自　评</td><td colspan="2">互　评</td><td colspan="2">师　评</td></tr>
<tr><td colspan="2">1. 掌握FTP服务器的作用
2. 理解FTP工作原理
3. 掌握安装配置FTP服务器的方法
4. 掌握本地用户的设置方法
5. 理解本地权限的内容要点
6. 理解vsftpd认证模式
7. 掌握配置本地模式的常规FTP服务器的方法</td><td colspan="2">□理解　10分
□基本理解　6分
□不理解　3分</td><td colspan="2">□理解　10分
□基本理解　6分
□不理解　3分</td><td colspan="2">□理解　10分
□基本理解　6分
□不理解　3分</td></tr>
<tr><td colspan="8">二、能力目标掌握情况（60分）</td></tr>
<tr><td colspan="2">评 价 内 容</td><td colspan="2">自　评</td><td colspan="2">互　评</td><td colspan="2">师　评</td></tr>
<tr><td colspan="2">1. 能够正确安装与启动vsftpd服务
2. 能够正确设置vsftpd服务的主配置文件
3. 能够正确设置vsftpd服务的认证模块配置文件
4. 能够正确设置vsftpd服务的user_list配置文件
5. 能够正确搭建允许匿名用户登录的FTP服务器
6. 能够正确建立维护网站内容的FTP账号和密码
7. 能够正确修改本地权限
8. 能够正确在Linux客户端测试</td><td colspan="2">□完成　20分
□基本完成　15分
□未完成　5分</td><td colspan="2">□完成　20分
□基本完成　15分
□未完成　5分</td><td colspan="2">□完成　20分
□基本完成　15分
□未完成　5分</td></tr>
<tr><td colspan="8">三、学生专业素质（10分）</td></tr>
<tr><td colspan="2">评 价 内 容</td><td colspan="2">自　评</td><td colspan="2">互　评</td><td colspan="2">师　评</td></tr>
<tr><td colspan="2">学习态度：认真听课、积极回答问题
基本素养：纪律好、正确使用手机、不迟到、不早退</td><td colspan="2">□优秀　3分
□良好　2分
□合格　1分</td><td colspan="2">□优秀　3分
□良好　2分
□合格　1分</td><td colspan="2">□优秀　4分
□良好　3分
□合格　1分</td></tr>
<tr><td>总分</td><td></td><td>知识得分</td><td></td><td>能力得分</td><td></td><td>素质得分</td><td></td></tr>
</table>

任务11
配置与管理电子邮件服务器

任务情境

崑盛科技公司想搭建一台postfix电子邮件服务器，以方便各部门之间进行公文发送和工作交流。利用基于Linux平台的postfix邮件服务器的配置既能满足需要，又能节省资金。

学习目标

知识目标

- 了解电子邮件服务器的作用
- 理解电子邮件系统的组成
- 理解电子邮件的传输过程
- 掌握安装配置电子邮件的方法
- 掌握Outlook的设置方法

能力目标

- 能够正确设置postfix服务程序主配置文件
- 能够正确设置别名和群发设置
- 能够正确设置邮箱容量
- 能够正确配置dovecot服务程序
- 能够正确配置postfix服务和dovecot服务程序
- 能够正确在物理机使用Outlook测试收发邮件

素质目标

- 培养学生自主探究以及团队协作的能力，并形成职业实战能力
- 培养学生的职业精神和工匠精神

知识储备

一、电子邮件服务概述

电子邮件（Electronic Mail，E-mail）服务是Internet最基本也是最重要的服务之一。Linux邮件服务器上的邮件存储空间通常是位于/var/spool/mail目录下的文件。电子邮件地址的格式是USER@SERVER.COM，由3部分组成。第1部分USER代表用户邮箱账号，对于同一个邮件接收服务器来说，这个账号必须是唯一的；第2部分@是分隔符；第3部分SERVER.COM是用户信箱的邮件接收服务器域名，以标识其所在的位置。这样的一个电子邮件地址表明该用户在指定的计算机（邮件服务器）上有一块存储空间。

填一填

请同学们查阅本学习任务的知识及相关资料，讨论与思考电子邮件地址的格式。一个完整的电子邮件由3部分组成，第1部分代表__________，第2部分__________是分隔符，第3部分是__________。

二、电子邮件系统的组成

Linux系统中的电子邮件系统包括3个组件，分别是邮件用户代理（Mail User Agent，MUA）、邮件传送代理（Mail Transfer Agent，MTA）和邮件投递代理（Mail Dilivery Agent，MDA）。

1）MUA是电子邮件系统的客户端程序。它是用户与电子邮件系统的接口，主要负责邮件的发送和接收以及邮件的撰写、阅读等工作。目前主流的用户代理软件有基于Windows平台的Outlook、Foxmail和基于Linux平台的mail、elm、pine、Evolution等。

2）MTA是电子邮件系统的服务器端程序。它主要负责邮件的存储和转发。最常用的MTA软件有基于Windows平台的Exchange和基于Linux平台的qmail和postfix等。

3）MDA有时也被称为本地投递代理（Local Dilivery Agent，LDA）。MTA负责把邮件投递到邮件接收者所在的邮件服务器，MDA则负责把邮件按照接收者的用户名投递到邮箱中。

填一填

请同学们查阅本学习任务的知识及相关资料，讨论与思考，Linux系统中的电子邮件系统包括3个组件，分别是__________、__________和__________。

三、电子邮件传输过程

电子邮件与普通邮件有类似的地方，发信者注明收件人的姓名与地址（即邮件地址），发送方服务器把邮件传到收件方服务器，收件方服务器再把邮件发到收件人的邮箱中，图11-1所示为腾讯邮箱发往新浪邮箱的过程。

图 11-1

1）邮件用户在客户机使用MUA撰写邮件，并将写好的邮件提交给本地MTA上的缓冲区。

2）MTA每隔一定时间发送一次缓冲区中的邮件队列。MTA根据邮件的接收者地址，使用DNS服务器的MX（邮件交换器资源记录）解析邮件地址的域名部分，从而决定将邮件投递到哪一个目标主机。

3）目标主机上的MTA收到邮件以后，根据邮件地址中的用户名部分判断用户的邮箱，并使用MDA将邮件投递到该用户的邮箱中。

4）该邮件的接收者可以使用常用的MUA软件登录邮箱，查阅新邮件，并根据自己的需要做相应的处理，电子邮件传输的基本过程如图11-2所示。

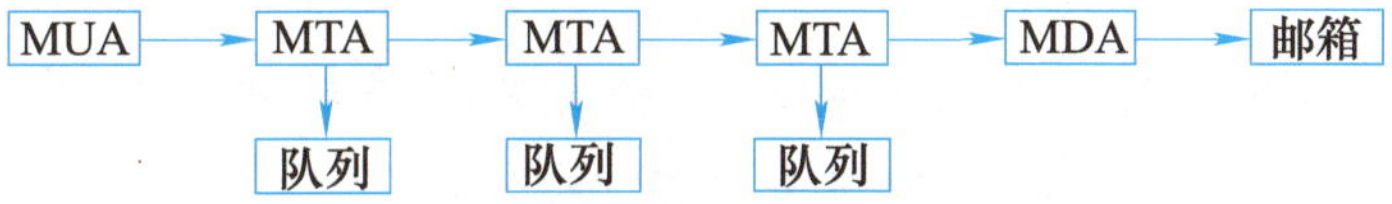

图 11-2

填一填

请同学们查阅本学习任务的知识及相关资料，讨论与思考，SMTP工作在TCP上默认端口为____________，POP3默认工作在TCP的____________端口。

四、电子邮件相关协议

常用的与电子邮件相关的协议有SMTP、POP3和IMAP4。

1. SMTP协议

简单邮件传输协议（Simple Mail Transfer Protocol，SMTP）默认在TCP的25端口工作。SMTP属于客户机/服务器模型，它是用于由源地址到目的地址传送邮件的规则，用来控制信件的中转方式。SMTP属于TCP/IP协议簇，它帮助计算机在发送或中转信件时找到下一个目的地。通过SMTP指定的服务器，就可以把电子邮件寄到收件人的服务器上了。SMTP服务器是遵循SMTP的发送邮件服务器，用来发送或中转发出的电子邮件。SMTP仅能用来传输基本的文本信息，不支持字体、颜色、声音、图像等信息的传输。

2. POP3协议

邮局协议的第3个版本（Post Office Protocol 3，POP3）默认在TCP的110端口工作。POP3同样也属于客户机/服务器模型，它规定了怎样将个人计算机连接到Internet的邮件服务器和电子邮件的下载。它是Internet电子邮件的第一个离线协议标准，POP3允许从服务器上把邮件存储到本地主机，即自己的计算机上，同时删除保存在邮件服务器上的邮件。遵循POP3来接收电子邮件的服务器是POP3服务器。

3. IMAP4

Internet信息访问协议的第4个版本（Internet Message Access Protocol 4，IMAP4）默认在TCP的143端口工作。是用于从本地服务器上访问电子邮件的协议，它也是一个客户机/服务器模型协议，用户的电子邮件由服务器负责接收并保存，用户可以通过浏览信件开头来决定是否要下载此信件。用户也可以在服务器上创建或更改文件夹或邮箱，删除或检索信件的特定部分。

想一想

请同学们查阅本学习任务的知识及相关资料，讨论与思考，简述电子邮件服务器的工作原理。

____

____

小贴士

配置一个完整的收发邮件服务器，需要安装很多软件和配置文件，每一项参数设置都要谨慎专注，按照操作规范和步骤进行。

器物有形，匠心无界。小到拧紧一枚螺钉，大到不懈精进技艺，背后都离不开“执着专注、精益求精、一丝不苟、追求卓越”的工匠精神。当代青年人也应如此，无论位于任何岗位，都应发扬大国工匠精神，恪尽职守、精益求精，甘付青春才智，勇于创新超越，用热爱熔铸品质、用忠诚诠释责任，与时代发展同行，在各自岗位上书写精彩篇章。

活动1 安装配置postfix和dovecot服务程序

活动准备

1）启动一台虚拟机CentOS 7系统。

2）登录CentOS 7系统，管理员账户为root，密码是123456。

3）设置主机名为sever1。

活动要求

邕盛科技公司需要搭建一台postfix邮件服务器，要求安装postfix和dovecot服务。为yanfabu账号设置别名为yfb，为cehuabu账号设置别名为chb。在Access文件中设置邮件，允许192.168.0.0/24网段和example.com自由发送邮件，但拒绝客户端及除192.168.2.100以外的192.168.2.0/24网段的所有主机访问。

活动环境配置参数要求见表11-1。

表11-1　活动环境配置参数

主机名称	操作系统	IP 地址	角　色
server1	CentOS 7	192.168.100.1/24	postfix服务器、DNS服务器、桥接模式

活动讨论

请同学们查阅本学习任务的知识及相关资料，讨论与思考，如何安装配置postfix和dovecot服务？

____

活动要点

1）启动CentOS 7系统。

2）安装配置本地yum源和DNS服务器，域名为mmm.example.com。

3）安装配置postfix和dovecot服务。

活动过程

1）配置server1网络参数：IP地址、子网掩码、网关、DNS地址（前面已学习，自主配置）。

2）在server1挂载本地yum源（前面已学习，自主配置）。

3）在服务器server1上安装DNS服务器，域名为mmm.example.com（前面已学习，自主配置）。

4）安装postfix和dovecot服务。

```
[root@server1~]#yum install postfix –y
[root@server1~]#yum install  dovecot –y
```

5）修改postfix服务程序的主配置文件。

```
[root@Server1~]#vi  /etc/postfix/main.cf
//直接输入 :set  nu   设置行号，找到相应内容进行修改
```

①在第76行定义一个名为myhostname的变量，用来保存服务器的主机名称。要记住以下参数，需要调用它。

```
myhostname = mmm.example.com
```

②在第83行定义一个名为mydomain的变量，用来保存邮件域的名称。后面也要调用这个变量。

```
mydomain = example.com
```

③在第99行调用前面的mydomain变量，用来定义发出邮件的域。调用变量的好处是避免重复写入信息以及便于日后统一修改。

```
myorigin = $mydomain
```

④在第116行定义网卡监听地址。可以指定要使用服务器的哪些IP地址对外提供电子邮件服务；也可以直接写成all，代表所有IP地址都能提供电子邮件服务。

```
inet_interfaces = all
```

⑤ 在第164行定义可接收邮件的主机名或域名列表。这里可以直接调用前面定义好的myhostname和mydomain变量（如果不想调用变量，也可以直接调用变量中的值）。

```
mydestination = $myhostname , $mydomain,localhost
```

6）别名和群发设置：为账号yanfabu设置别名为yfb，为账号cehuabu设置别名为chb。

```
[root@server1 ~]#vi  /etc/aliases
//添加下面两行：
yfb: yanfabu
chb: cehuabu
```

7）access文件设置邮件中继。

```
[root@server1 ~]# vi  /etc/postfix/access
192.168.0                    OK
.example.com                 OK
clm.test.com                 REJECT
192.168.2.100                OK
192.168.2                    OK
[root@server1~]#vi  /etc/postfix/main.cf
//添加以下内容：访问控制的过滤规则（access）
smtpd_client_restrictions = check_client_access hash:/etc/postfix/access
```

8）使用postmap生成新的access.db数据库。

```
[root@server1 ~]#postmap  hash:/etc/postfix/access
[root@server1 ~]#ls –l /etc/postfix/access*
```

9）配置dovecot服务程序。

① 在dovecot服务程序的主配置文件中进行如下修改。首先是第24行，把dovecot服务程序支持的电子邮件协议修改为imap、POP3和lmtp。不修改也可以，默认就是这些协议。

```
[root@server1  ~]#vi  /etc/dovecot/dovecot.conf
protocols = imap pop3 lmtp
```

② 在主配置文件中的第48行，设置允许登录的网段地址，也就是说，可以在这里限制只有来自于某个网段的用户才能使用电子邮件系统。如果想允许所有人都能使用，修改本参数如下。

```
login_trusted_networks = 0.0.0.0/0
```

也可修改为某网段，如192.168.100.0/24。

③ 在dovecot服务程序单独的子配置文件中，定义一个路径，用于指定要将收到的邮件存放到服务器本地的哪个位置。这个路径默认已经定义好了，只需要将该配置文件中第24行前面的井号“#”删除即可。

```
[root@server1 ~]#vi /etc/dovecot/conf.d/10–mail.conf
mail_location = mbox:~/mail:INBOX=/var/mail/%u
```

10）创建用户，建立保存邮件的目录。以创建yanfabu和cehuabu为例。创建用户完成后，建立相应用户保存邮件的目录（这是必须的，否则会出错）。至此，对dovecot服务程序的配置部署全部结束。

```
[root@server1 ~]#useradd yanfabu
[root@server1 ~]#useradd cehuabu
[root@server1 ~]#passwd yanfabu
[root@server1~]#passwd cehuabu
[root@server1 ~]#mkdir –p /home/yanfabu/mail/.imap/INBOX
[root@server1 ~]#mkdir –p /home/cehuabu/mail/.imap/INBOX
```

11）重启postfix和dovecot服务程序。

```
[root@server1 ~]#systemctl restart postfix
[root@server1 ~]#systemctl restart dovecot
```

技能巩固

请同学们在CentOS系统安装配置postfix和dovecot服务，创建用户test1和test2，并设置邮件服务器域名为××.com。

活动2 配置一个完整的收发邮件服务器

活动准备

1）启动一台虚拟机CentOS 7系统和一台物理机Windows系统。

2）登录CentOS 7系统，管理员账户为root，密码是123456。

3）设置主机名依次为sever1和client1。

活动要求

邕盛科技公司需要搭建一台postfix邮件服务器，并且要创建两个邮箱用户mailyf1和mailyf2以实现不同用户之间的正常通信，邮件服务器的域名为example.com。在物理PC上完成邮件测试，使用用户mailyf1发送主题为“你好”、内容为“欢迎使用邮件”的邮件给用户mailyf2。

活动环境配置参数要求见表11-2。

表11-2 活动环境配置参数

主机名称	操作系统	IP 地址	角色
server1	CentOS 7	192.168.100.1/24	postfix服务器、DNS服务器、桥接模式
client1物理PC	Windows 10	192.168.100.10/24	邮件发送接收测试客户端

活动讨论

请同学们查阅本学习任务的知识及相关资料，讨论与思考。

1）如何安装配置postfix邮件服务器？

____

2）如何测试邮件发送和接收？

____

活动要点

1）保证CentOS系统和Windows系统之间的网络连通性。

2）创建邮箱用户mailyf1和mailyf2。

3）安装配置本地yum源和DNS服务器，域名为mmm.example.com。

4）安装配置postfix和dovecot服务。

活动过程

1）配置server1网络参数：IP地址、子网掩码、网关、DNS地址（前面已学习，自主配置）。

2）在server1挂载本地yum源（前面已学习，自主配置）。

3）在服务器server1上安装DNS服务器，域名为mmm.example.com（前面已学习，自主配置）。

4）安装postfix和dovecot服务。

```
[root@server1~]#yum install postfix –y
[root@server1~]#yum install  dovecot –y
```

5）配置postfix的main.cf文件。

```
[root@ server1~]#vi /etc/postfix/main.cf
 //在esc模式下输入 :set  nu  设置行号，找到相应内容进行修改
myhostname = mmm.example.com  //去掉75行的#号
mydomain =  example.com        //去掉83行的#号
myorigin=$mydomain        //去掉99行的#号
inet_interfaces = all     //去掉113行的#号
//给116行和164行加#注释
//去掉165、210行的#号
mynetworks = 0.0.0.0/0  //去掉264行的#号
//去掉419行的#号
//:  wq保存退出
```

6）配置dovecot.conf文件。

```
[root@ server1~]#vi /etc/dovecot/dovecot.conf
protocols = imap pop3 lmtp  //去掉24行的#号
listen = *,::  //去30行的#号
login_trusted_networks = 0.0.0.0/0    //去48行的#号
//:  wq保存退出
```

7）配置dovecot的10–mail.conf文件。

```
[root@ server1~]#vi /etc/dovecot/conf.d/10–mail.conf
mial_location = maildir:~/Maildir   //去24行的#号
//:  wq保存退出
```

8）创建用户mailyf1和mailyf2。

```
[root@ server1~]#useradd  mailyf1     //创建用户mailyf1
[root@ server1~]#useradd  mailyf2     //创建用户mailyf2
[root@ server1~]#passwd  mailyf1      //设置用户mailyf1的密码
```

```
//输入密码123
//再次确定密码123
[root@ server1~]#passwd  mailyf2      //设置用户mailyf2的密码
//输入密码123
//再次确定密码123
```

9）重启postfix和dovecot服务并关闭防火墙和SELinux允许。

```
[root@server1]#systemctl  restart  postfix  //重启服务
[root@server1]#systemctl  restart  dovecot  //重启服务
[root@server1]#systemctl  stop  firewalld  //关闭防火墙
[root@server1]#setenforce  0
//Postfix+dovecot配置完成!
```

10）在物理机Windows10用Microsoft Outlook 2010测试发送/接收邮件。

①打开物理机命令提示符窗口，首先使用ping命令测试，再使用nslookup测试mmm.example.com是否成功。

②启动Microsoft Outlook 2010→“文件”→“信息”→“添加账户”→“在弹出的“添加账户”对话框中选择“手动配置服务器设置或其他服务器类型”→“Internet电子邮件”，在“Internet电子邮件设置”对话框输入如图11-3所示的相关信息。

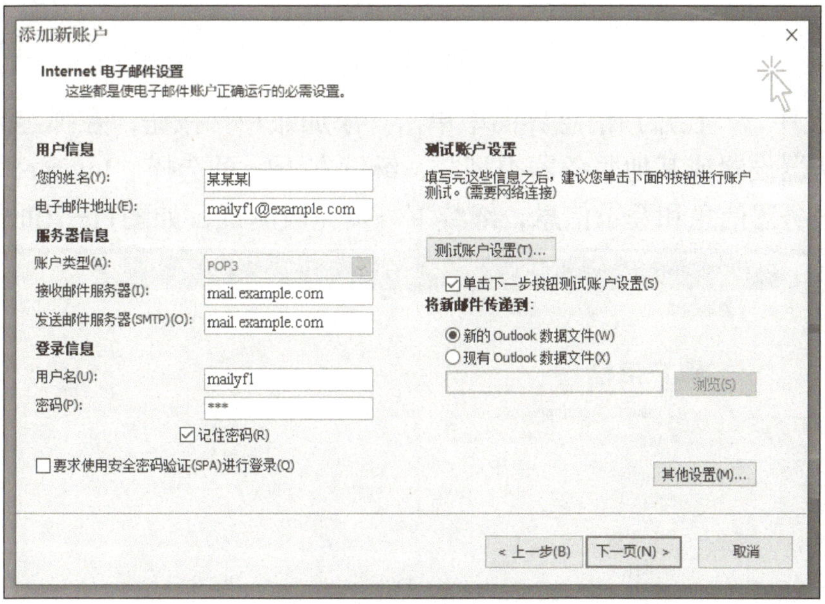

图 11-3

③单击“下一页”按钮测试账号设置，图11-4所示为已完成所有测试。

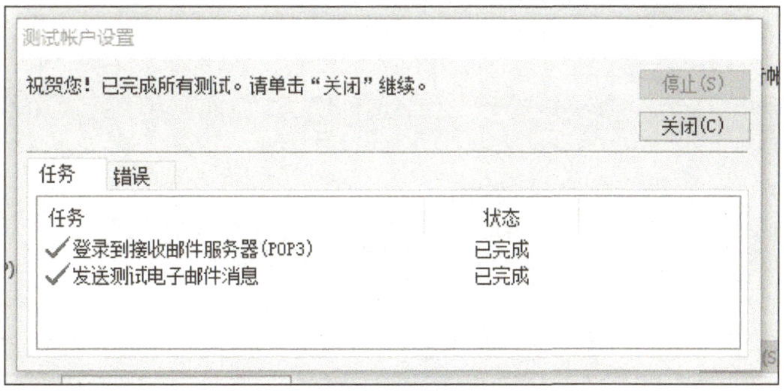

图 11-4

④完成账号测试之后，进入Outlook工作界面，在菜单“开始”中选中“mailyf1@example.com”，再选择“新建电子邮件”，输入收件人的邮箱地址为mailyf2@example.com，填写主题和内容，最后单击“发送”按钮，如图11-5所示。

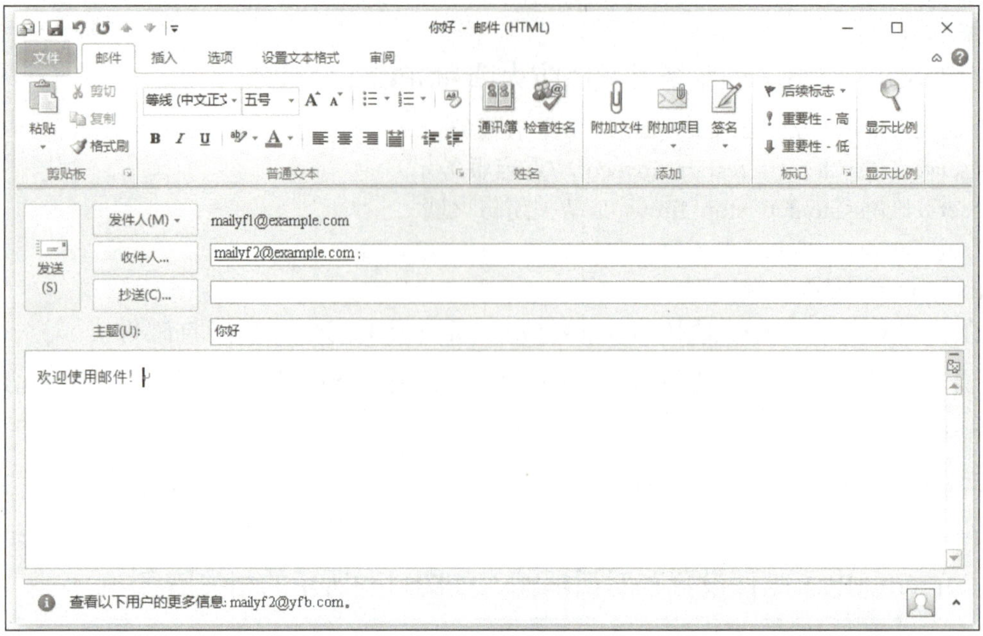

图 11-5

⑤单击“文件”，在账户信息界面中单击“添加账户”按钮，在弹出的对话框中选择“手动配置服务器设置或其他服务器类型”，继续在下一页选择“Internet电子邮件”，输入用户信息、服务器信息和登录信息，继续下一页完成测试，如图11-6和图11-7所示。

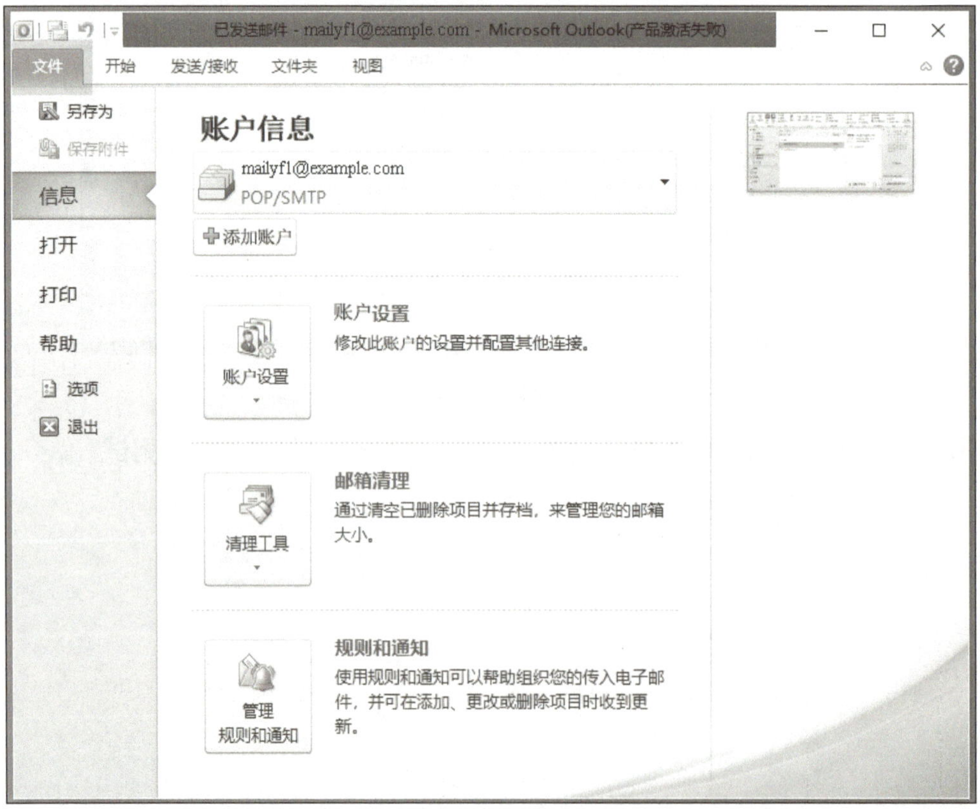

图 11-6

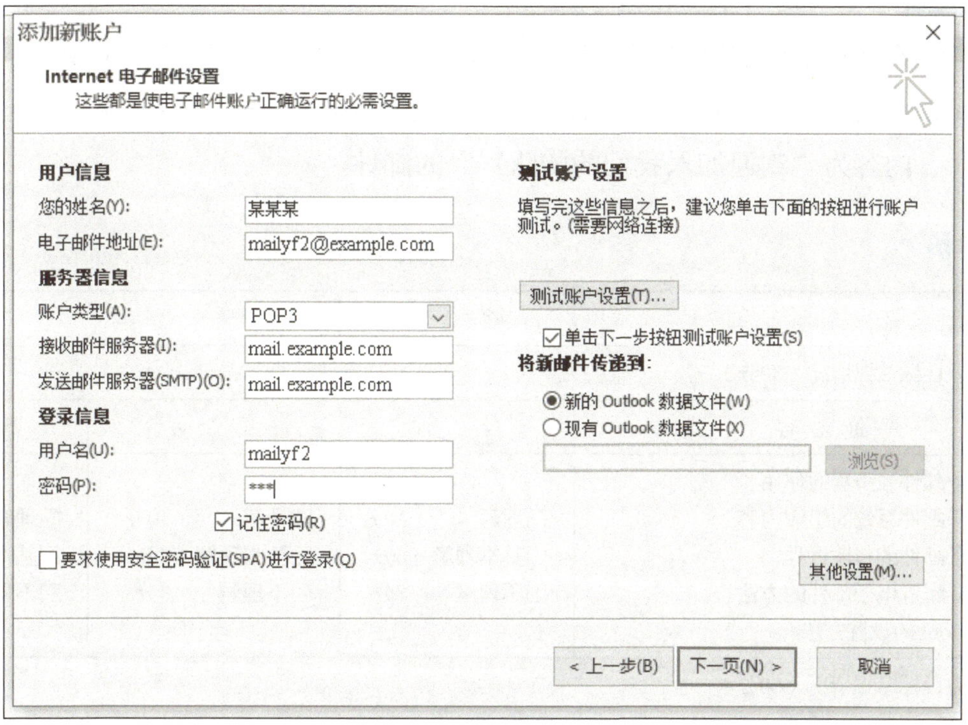

图 11-7

⑥完成账号测试之后，进入Outlook工作界面，在菜单“开始”中选中“mailyf2@example.com”，再选择“新建电子邮件”，输入收件人的邮箱地址为mailyf1@example.com，填写主题和内容，最后单击“发送”按钮，如图11-8所示。

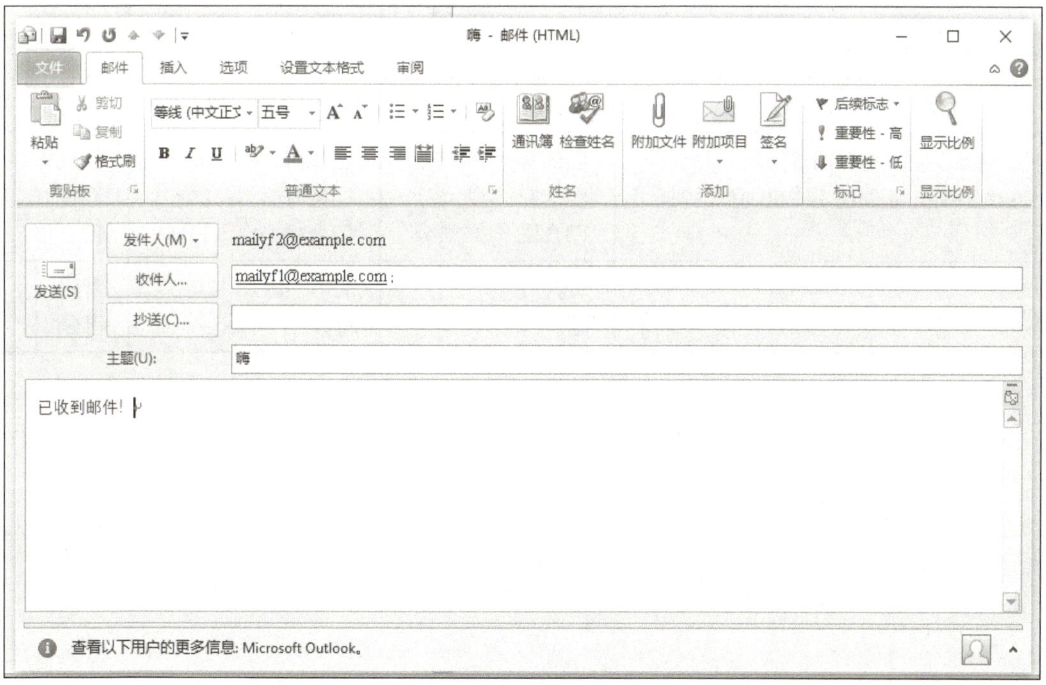

图 11-8

相互发送/接收邮件进行测试，若成功发送/接收邮件，说明邮件服务器配置成功。

技能巩固

请同学们在CentOS系统安装并配置postfix和dovecot服务，创建用户s1和s2，并实现两个用户之间邮件的正常发送和接收，邮件服务器域名为jnds.com。用户s1给用户s2发送主题为“你好”、内容为“欢迎加入我们的团队！”的邮件。

考核评价

评价内容	自评	互评	师评
班级		姓名	
一、知识目标掌握情况（30分）			
评 价 内 容	自　　评	互　　评	师　　评
1. 了解电子邮件服务器的作用 2. 理解电子邮件系统的组成内容 3. 理解电子邮件的传输过程 4. 掌握安装配置电子邮件的方法 5. 掌握Outlook的设置方法	□理解　10分 □基本理解　6分 □不理解　3分	□理解　10分 □基本理解　6分 □不理解　3分	□理解　10分 □基本理解　6分 □不理解　3分
二、能力目标掌握情况（60分）			
评 价 内 容	自　　评	互　　评	师　　评
1. 能够正确设置postfix服务程序主配置文件 2. 能够正确设置别名和群发设置 3. 能够正确设置邮箱容量 4. 能够正确配置dovecot服务程序 5. 能够正确配置postfix服务和dovecot服务程序 6. 能够正确在物理机使用Outlook测试收发邮件	□完成　20分 □基本完成　15分 □未完成　5分	□完成　20分 □基本完成　15分 □未完成　5分	□完成　20分 □基本完成　15分 □未完成　5分
三、学生专业素质（10分）			
评 价 内 容	自　　评	互　　评	师　　评
学习态度：认真听课、积极回答问题 基本素养：纪律好、正确使用手机、不迟到、不早退	□优秀　3分 □良好　2分 □合格　1分	□优秀　3分 □良好　2分 □合格　1分	□优秀　4分 □良好　3分 □合格　1分
总分	知识得分	能力得分	素质得分

参考文献

[1] 宋丽娜，杨云，吴敏，等．Linux系统管理与服务器配置：CentOS 7.6 & RHEL 7.6 [M]．北京：机械工业出版社，2021.

[2] 莫裕清．Linux网络操作系统应用基础教程：RHEL版 [M]．北京：人民邮电出版社，2017.

[3] 高晓飞．网络服务器配置与管理：Linux CentOS 7平台 [M]．2版．北京：高等教育出版社，2023.